WEST POINT

畅销十年的经典力作 ★ 全新修订版

西点精英遵循百年的行为准则

二次世界大战以后，在世界500强企业里面，西点军校培养出来的董事长有一千多名，副董事长有两千多名，总经理、董事一级的有五千多名。任何商学院都没有培养出这么多优秀的经营管理者。

—— 引自《美国商业年鉴》

西点军校
的经典法则

杨立军◎编著

上海教育出版社
SHANGHAI EDUCATIONAL
PUBLISHING HOUSE

序　言

　　"责任、荣誉、国家",看到这样一组词,人们就会想到西点军校,因为它不仅仅是西点军校的校训,更是映照出西点军人的灵魂。

　　美国西点军校(West Point)全称"美国陆军军官学校",是美国军队培养陆军初级军官的学校,因学校位于纽约市北郊哈得逊峡谷河"肘状"三角岩石坡地上,该地点被当地人称为"西点",故习惯上又称其为"西点军校"。

　　西点被认为是培养领袖的地方。在其200年的历程中,培养了众多的美国军事人才,其中有3 700人成为将军。著名的有:美国南北战争中的北方联邦军总司令格兰特,南部联盟军总司令李将军,第一次世界大战中美国远征军总司令潘兴,第二次世界大战中的太平洋盟军统帅麦克阿瑟,欧洲战场盟军总司令艾森豪威尔,第12集团军司令布拉德利,第3集团军司令巴顿,中印缅战区司令史迪威,侵越美军司令威斯勃兰特,海湾战争中央总部司令施瓦茨科夫,科索沃战争美军指挥官克拉克将军等。

　　除了军事天才以外,西点还曾经培养出两届美国总统,分别是:尤利乌斯·格兰特,1843年毕业于西点,1869年起担任两届美国总统;德怀特·艾森豪威尔,美国第34任总统,1915年毕业于西点,陆军五星上将。

　　西点军校毕业生在商界的地位同样不可小觑。根据美国商业年鉴统计,第二次世界大战后,在美国500强企业中,有一千多名董事长、两千多名副董事长、五千多名董事和总经理毕业于西点军校。这

个数字可以说超过了所有赫赫有名的商学院。可口可乐和通用电气均有总裁出自西点军校，国际银行主席奥姆斯特德，军火大王杜邦，巴拿马运河总工程师戈瑟尔斯，第一个在太空中行走的宇航员怀特……政治家、企业家、科学家，西点培育了无数英雄和领袖，美国历史和这所学校难解难分。

无论从政治上还是商业上，西点军校一代又一代的毕业生都深深地影响着美国乃至世界的历史，反映着社会文化的变迁和进步。难怪有一位西点校长感叹道："西点所教授的历史大部分其实正是由西点学生本身创造的。"

西点的荣耀由其学员所创造，而正是其独特的人才培养法则塑造了这些伟大的人物。曾任西点军校社会科学系主任的乔治·林肯将军曾经说过："纪念碑上的刻字并不能代表我们的成就。只有在西点学生的品格和能力发展上留下印记，才能算是我们完成使命的记录。"

正如同西点军校的使命所述的那样：教育、培训并激励学员履行"责任、荣誉、国家"的价值观，成为值得托付的领导者，成为卓越的专业人士，成为服务于美国军队的军官。（To educate, train, and inspire the Corps of Cadets so that each graduate is a commissioned leader of character committed to the values of Duty, Honor, Country; and prepared for a career of professional excellence and service to the Nation as an officer in the United States Army.）

基于这样的使命，西点军校明确其文化教育课程总目标为：毕业生能够有效地预见并适应一个在技术、社会、政治、经济等方面都在不断变化的世界。（Graduates anticipate and respond effectively to the uncertainties of a changing technological, social, political, and economic world.）

对应于这样的课程目标，西点军校对其毕业生的要求自然也不低：毕业生应当成为值得被委任的领导者，具备充分的智慧和道德责任感，接受充分教育，拥有专业技能水平、道德水准和强健的体魄。
(... commissioned leaders of character who, in preparation for the intellectual and ethical responsibilities of officership, are broadly educated, professionally skilled, moral-ethically and physically fit, ...)

　　为了深入了解西点军校人才培养所秉承的经典法则，我们翻阅了大量西点案例并进行了整理，归纳出 15 种西点人最典型的品格，并结合西点军校的相关事例进行阐述和介绍，配以生动真实的案例加以延伸说明。所以，这是一本雅俗共赏、适合各个年龄层次的励志读本。

　　希望本书能激励你不断前行，以西点的品格来塑造全新的自己，打造自身卓越的行动力，向着理想大步进发。

CONTENTS
目　　录

14 反 省

15 行 动

Chapter 1

责　　　任

绝不推卸责任

威灵顿曾说:"我来到这里是为了履行我的责任,除此之外,我既不会做也不能做任何贪图享乐的事。"

每一个人都有着不可推卸的责任。西点人就十分强调学员责任感的培养:

学员不论在什么时候,无论穿军服与否;在西点校内还是校外,不论是担任值勤或宿舍值班员,都有义务、有责任履行自己的职责,而这一出发点不是为了获得奖赏或逃避惩罚,是出自内在的责任感。

一进西点军校,学员就宣誓要忠诚,并把自己和平民百姓区别开来。学员接受了与职务相符的所有特权,也必须承担应尽的义务。摆在学员面前最棘手的标准是"不容忍"条款。这一条款每天都提醒学员记住,要承担起神圣的职责,它远高于个人感情或友情。

学员必须有鲜明的整体荣誉感。他不能容忍或袖手旁观任何学员中的任何有损荣誉的行为。容忍某一学员的违法违纪行为与学员的标准不符,也与社会对正直人的要求不符。"不容忍"是全体学员如何遵循军校座右铭"责任、荣誉、国家"的具体体现。对违反荣誉准则或军校规定,漫不经心,甚至寻找各种借口开脱,是西点军校所不能容忍的。不管是无意地还是有意地违反规定的行为,其他学员见到了不报告,同样也违反了规定,处罚甚至更重,这就是西点奇特的军规。

在一定时间内,学员如果未向上级报告与荣誉有关的尚未解决的事情,那么,这个学员就是以容忍的方式违背了荣誉准则。合理的时

间长度被认定为不超过 24 小时。每个学员都必须牢记，迅速解决问题对所有涉及的人都有最大益处。否则，他就很有可能受到牵连，一并受到处罚。

如果学员确信发生了违反荣誉准则的事情，可以当面询问有嫌疑的学员，并给他解释其行为的机会。有时发生一些看来可能是违反荣誉准则的事情，经严肃查问后，发现只不过是一种误解或错觉。遇到这种情况，学员可放弃干预此事。但如果学员仍怀疑确有违纪发生，那么他有两个责任：一是鼓励涉嫌学员向相关荣誉代表报告此事，二是同时必须向自己的相关荣誉代表报告嫌疑案。

或许在别人看来这么做是不近人情，但唯有"不容忍"违反纪律、玷污荣誉、逃避责任的行为发生，才是一个真正尽职尽责的军人。

一百多年前的一天，在新英格兰发生了一次日食现象。当时，天空变得非常黑暗，似乎末日马上就要来临。康涅狄格州的议会正在召开例行会议。当天空变得阴沉昏暗时，一位议员建议休会。这时，一位年迈的清教徒议员，来自斯达姆福德的达文波特先生立即从座位上站了起来并说道，即使末日真的来临了，他仍然希望自己坚守岗位，履行自己的职责。为此，他在议会大厅点上蜡烛，以便议会能继续履行它的正常职能。坚守自己的岗位是这位明智的老人的忠实信条。

有一位身体很瘦弱的人，花费了大量时光在慈善工作上。他去探望病人，在病人悲惨的家里，坐在他们旁边与他们谈心，照料他们，以各种方式帮助他们。他的朋友劝告他别耽误了自己的正经事情，并恐吓他，那些肺病患者和快要死亡的人会把病传染给他。但他不为所动，以坚定而又简短的话回答他的朋友："我为我的妻子儿女照管好自己的事情，但我也认为一个人对社会的责任要求他去关怀那些不是他家人的人。"

这就是一个心甘情愿尽其职责的忠实仆人真诚的话语。捐献钱财的人并不是别人真正的恩人，只有那些把自我奉献给别人的人才是别人真正的恩人。捐献钱财给别人的人也许会在人世间名声大噪，但那些奉献出自己的时间、精力和灵魂的人更会受到别人的尊敬。前者也许会被人们遗忘，而后者则会被永远铭记。

战士无论是在胜利还是失败时，都必须坚守岗位。这是一名战士的职责所在，不容违反。

其实，无论是一名军人还是一个普通人，尽职尽责都十分重要。权利与责任是对等的，没有谁能享有权利而逃避责任。

在企业中，每个员工也都有自己的职责，做好本职工作是每个员工都必须做到的，否则便是一名不尽责、不合格的员工。这样的人无论走到哪里都不会得到太大的发展，缺乏责任感的人是不会成功的。

1898 年春，阿比伦下了罕见的滂沱大雨，河水暴涨，泛出堤岸，淹没了一部分土地。

一天中午，母亲艾达吩咐大艾克和艾森豪威尔："你们给爸爸送饭去吧，要快去快回。"说罢交给他们一个热气腾腾的饭盒。

艾森豪威尔兄弟俩像小鸟一样跑出家门。艾森豪威尔灵机一动，提议道："我们绕路，去看一下洪水吧？"

同样贪玩的哥哥马上答应了。他俩爬到铁路防波堤上，放眼望去，不禁大吃一惊："这么大的水啊！"他们目力所及，到处都是水，水波流转，在风中激来荡去。

"看！"艾森豪威尔大喊了一声，"那儿有只船！"

哥哥眼睛一亮。那是一只又脏又破的小船，没有船桨，也没有船主，恐怕是被人遗弃的。兄弟俩玩心顿起，毫不犹豫地找了一块木板，权作船桨，跳到船上，有滋有味地划了起来。

这时候，风不是很大，他们迎着浑浊的洪水漩涡逆流而上，一边划

桨一边大声说笑，早把给父亲送饭一事抛到九霄云外。而其他的孩子眼馋不过，也纷纷要求坐到船上划几下。

这样，船上的孩子越来越多。一阵狂风吹来，波浪突然打了个旋，船猛地倾了一下，水疯狂地奔涌进来。

"船要翻了！船要翻了！"

船上的孩子慌成一团。小船再也经不起孩子们的折腾，一个筋斗翻了过来，孩子们纷纷落入水中。顿时，哭声、喊声、求救声响成一片，乱成一团。在落入水中的一刹那，艾森豪威尔突然想起爸爸的饭，便拼命地去抓饭盒，无奈饭盒早已无影无踪。

所幸水不是很深，当孩子们挣扎到岸边时，全身已湿透，并沾满了泥污。这时艾森豪威尔家的邻居正好在岸边，他看到又湿又脏、瑟瑟发抖的艾森豪威尔兄弟时，大声喊道："嗳，艾克！你们怎么会在这儿？你妈妈找你都找疯了！你可知道现在下午都过了一半了！你们还没有把饭给爸爸送去？"

艾森豪威尔望着空空的双手，沮丧极了。他们拖着沉重的步子，低着头，慢慢地走回家。快到家时，他们抬头碰到了母亲严厉的目光。

"到后门廊去，"她说道，"把衣服脱掉。"

兄弟俩老老实实地脱掉衣服。母亲去庭院里砍了一根槭树条，默默地抽打起兄弟俩来。

艾森豪威尔回忆说："她用她那只拓荒者的手，使劲地抽打着我们。我们永远不能忘记那次洪水。"

西点人对待自己的任务或是工作的那种强烈的责任感是一种无价之宝。

西点人的责任意识是公认的。所以当巴拿马运河工程被乔治·华盛顿·戈瑟尔斯的两位前任放弃时，罗斯福选择了由这位西点军人接管工程。

西奥多·罗斯福曾在任命乔治·华盛顿·戈瑟尔斯（Goethals，西点1880级学员）负责接管巴拿马运河工程时说："我需要人们一直坚守岗位，直到我不愿再让他们待在岗位上，或者我说可以放弃任务。我相信只有军人才能做到，所以，我应当把工程移交给军队。"

责任感是一个伟大的人的灵魂，没有了责任，那一切都只是空谈。

一位马耳他王子路过一间公寓时，看到他的一个仆人正紧紧地抱着主人的一双拖鞋睡觉，他上去试图把那双拖鞋抽出来，却把仆人惊醒了。这件事给这位王子留下了很深的印象，他立即得出结论：对小事都如此小心的人一定很忠诚，可以委以重任。所以他便把那个仆人升为自己的贴身侍卫，结果证明这位王子的判断是正确的。那个年轻人很快升到了事务处，又一步一步当上了马耳他的军队司令，最后他的英名传遍了整个西印度群岛地区。

或许在他人眼里，仆人的行为近乎可笑。但是为王子服务却是他的职责，哪怕在睡梦中依然坚守自己的职责。这样地尽职尽责，才使他得到了王子的重用。

在一个企业中也是如此，"王子"就是你所服务的企业，而你便是企业的"仆人"，为企业的目标服务就是你的责任。一个不愿承担责任的人不可能得到上司的赏识，更不可能在这个社会生存下去。企业不需要逃避责任的员工，同样社会也不会善待逃避责任的人。

詹姆斯·伍兹是美国著名演员，曾先后获得金球奖和埃米金像奖。主演过的电影非常多，其中最著名的是《迫在眉睫》《密西西比谋杀案》《西点揭密》《挑战星期天》等。

作为这样一位知名演员，他用父亲给他的教育结合自己的感受，给年轻人以劝诫，希望他们能担负起家庭和社会的责任。

詹姆斯·伍兹始终认为自己如今的成功,首先要感谢父亲,他称父亲是一个"安静地躺在墓地里,却还在关怀和照料着我们"的人。他这样说:

我的父亲戎马一生。他和母亲在童年时期都正好遇上大萧条,所以他们很注意让自己的孩子得到他们自己在童年渴望得到却没有得到的东西。

在我9岁的时候,父亲要做心脏手术,输血的血型配得不够好,结果产生输血反应。在最后5天里,他意识到自己将不久于人世,他在去世的那一天打电话给我那时才3岁的弟弟,对他说自己已经去世了,去了天堂。他说:"上帝让我打电话给你,跟你说声再见。你不要害怕,也不要难过,因为我很好。我是想让你知道我很想念你。"

父亲没有给我打电话,而是写了封信。他在信中对我说,他为我在学校里的成绩感到骄傲。他说他希望我有一天能上麻省理工学院——后来我果真上了麻省理工学院。他还对我说,他相信我无论做什么事,只要尽力肯定都会成功的。

母亲和父亲只为一件事真正争吵过,这事涉及钱。父亲是想要为我们已经抵押出去的住房买份保险。他对母亲说:"这笔投资是省不得的。要是我有什么不测,你和孩子们还能保住这幢屋子。"

"我们没钱买保险。"母亲说。

6个月后,父亲去世了。母亲想,这下我们要被扫地出门了。但在三星期后,保险公司的理赔员带来了一张支票,这笔钱正好是我们所欠的房款。原来父亲在去世前自己设法偷偷省着钱,买了抵押保险,一直在缴付保险费。现在他安静地躺在墓地里,却还在关怀和照料着我们。

我时常想起父亲说的那句话:一个男人,要赢得尊重,就必须承担起自己的责任。父亲用他的一生对这句话作出了最好的阐释。而这句话也已成为我的人生准则。

　　没有责任就没有尊重,没有责任更不可能有成功。一个逃避责任的人注定失败,而一个勇敢承担责任的人,即使没有傲人的成就,也是一个生活中真正的强者,真正的赢家。

被称为"西点之父"的西尔韦纳斯·塞耶上校

敬 业 为 魂

西点人把"敬业"也作为军校军规的一条,是希望所有的西点人都能把对军人职业的热爱,转化为学习、训练不断前进的动力。

军校深知"敬业"对于一个人,尤其是一个军人的重要。没有敬业的思想便不会热爱自己的工作,就缺乏在工作上前进的动力,久而久之便造成倦怠,职责也就不能得到保证。

电影明星洛依德将车开到检修站,一个修车女工接待了他。她熟练灵巧的双手和年轻俏丽的容貌一下子吸引了他。

整个巴黎都知道他,但这个姑娘却没表示出丝毫的惊讶和兴奋。"您喜欢看电影吗?"他不禁问道。

"当然喜欢,我是个电影迷。"修车女工边忙着手上的活边回答。

她手脚麻利,看得出她的修车技术非常熟练。半小时不到,她就修好了车。

"您可以开走了,先生。"这位修车女工对他说。

他依依不舍地说道:"小姐,您可以陪我去兜兜风吗?"

"不,先生,我还有工作。"她回答得很有礼貌。

"这同样是您的工作。您修的车,难道不亲自检查一下吗?"

"好吧,是您开还是我开?"

"当然我开,是我邀请您的嘛。"

车跑得很好。姑娘说:"看来没有什么问题,请让我下车好吗? 我还有其他的工作。"

"怎么,您不想再陪陪我吗? 我再问您一遍,您喜欢看电影吗?"洛依德觉得不可思议,难道这个修车女工真的不认识自己吗?

"我回答过了,喜欢,而且我是个电影迷。"

"您不认识我?"

"怎么不认识,您一来我就认出,您是当代影帝阿列克斯·洛依德。"

"既然如此,您为何对我这样冷淡?"

"不,您错了。我没有冷淡,只是没有像别的女孩子那样狂热。您有您的成绩,我有我的工作。您今天来修车,就是我的顾客,我就要像接待顾客一样地接待您,为您提供最好的修车服务。将来如果您不再是明星了,再来修车,我也会像今天一样接待您,为您提供服务。人与人之间不应该是这样的吗?"

洛依德沉默了,在这个普通修车女工的面前,他清楚地感觉到了自己的浅薄与狂妄。

"小姐,谢谢! 您让我受到了一次很好的教育。现在,我送您回去。再要修车的话,我还会来找您。"

在平时,这位女工也是一位影迷,但是在工作时,她就仅仅是一名修车女工,自己唯一的职责便是为顾客妥善修理他们的汽车使他们满意而归。所以,当她为自己喜爱的电影明星修车的时候,她牢记着自己的职责,只是尽职尽责地为他排除汽车故障,而没有疯狂地做出工作以外的举动。

或许许多人都认为工作只是谋生的手段,只为养家糊口;还有许多人认为自己做的工作是非常卑微并且可有可无的。但事实并非如此。

来看个简单的例子,铁匠把价值 5 美元的铁块加工成马蹄铁,结果得到价值 10 美元的产品。刀剪匠把同样多的铁块制成刀具,结果

得到 200 美元。机械工把同样分量的铁块制成针,得到 6 800 美元。钟表匠把它制成钟表的主发条,得到 20 万美元。但若把它制成牙医用的细丝,便可以得到 200 万美元,它的价值是同样重量黄金价值的 60 倍。

任何正当合法的工作都是值得尊敬的,都有它存在的价值。所以,不要看不起自己的工作。

一只重新组装好的小钟,放在两只旧钟当中,两只旧钟"嘀嗒""嘀嗒",一分一秒地走着。其中一只旧钟对小钟说:"来吧,你也该工作了。可是,我有点担心,你走完 3 200 万次以后,恐怕便吃不消了。"

"天哪! 3 200 万次!"小钟吃惊不已,"要我做这么大的事?我办不到,办不到。"

另一只旧钟说:"你别听他胡说。你只要每秒'嘀嗒'一下就行了。"

"天下哪有这样简单的事情?"小钟将信将疑,"如果是这样,那我就试试吧。"小钟很轻松地每秒"嘀嗒"摆一下。不知不觉中,一年过去了,它果然摆了 3 200 万次。

每秒"嘀嗒"一次是简单的,但坚持准确而持久地运转却是不简单的。这需要敬业的精神来支持,要兢兢业业的品格来维持。

平凡之中孕育着伟大。每个人所能做的十分有限也十分琐碎,但是因为这平凡而有限的工作是世界与生活的一部分,它维护着整个社会大轴承的运转,所以也变得不平凡了。

任何合法的职业既然存在就有其存在的必要,都值得你尊重与热爱。或许每天从事着平凡的工作,每天都只是重复着相似甚至相同的工作,琐碎的职责也是伟大而不可替代的。或许现在你依然抱怨自己或是别人琐碎的工作是如何没有价值,从事这些工作的人永远不会成功之类的话，但是，有一天这些琐事没有人处理时，你就会发现这些工作的重要性。或许你目前仍然没有发现自己工作的价值，但是，竭尽所能地做下去，坚持下去，你就会发现许多以前自己没有发现的东西和价值。

所以，如果当时你慎重选择了这份职业，那就请坚持下去。你要通过比别人投入更多的智慧、热情、责任心等来充实自己的敬业精神，过一段时间你就会发现自身的职业品德和能力都提高了，老板变得注意你了，此时你离成功就更近了一步。

曾经有一次，有三个人做了一个小游戏：同时在纸片上把他们曾经见过的性格最好的朋友的名字写下来，还要解释为什么选这个人。结果公布后，第一个人解释了他为什么会选择他所写下的那个人："每次他走进房间，给人的感觉都是容光焕发，好像生活又焕然一新。他热情活泼，乐观开朗，总是非常振奋人心。"

第二个人也解释了他的理由："他不管在什么场合，做什么事情，都是尽其所能、全力以赴。"

第三个人说："他对一切事情都尽心尽力。"

这三个人是美国几家大刊物的记者，他们见多识广，几乎踏遍了世界的每一个角落，结交过各种各样的朋友。他们互相看了对方纸片上的名字之后，发现他们竟然不约而同地写上了澳大利亚墨尔本一位著名律师的名字，这正是因为这个律师拥有无与伦比的热情的缘故。

我们对待工作没有任何逃避的借口，只有带着无与伦比的热情工作的人才可能做出成就。一个对待工作没有热情的员工，是不可能敬业的，更不要说高效率地、创造性地完成工作了。

威廉·埃拉里·钱宁说："劳动可以促进人们思考。"不管从事哪种职业，他都应该尽心尽责，尽自己的最大努力，求得不断的进步。换

13

句话说,尽善尽美应该成为我们孜孜以求的目标。提倡这一点,不是由于它对社会带来什么实际作用,也不是因为人们完成了某项工作,能从中获得一种愉悦感,而是由于这样做是提高自身修养的一种重要途径。只有这样,追求完美的念头才会在我们的头脑中变得根深蒂固,在人生的各个方面体现出来。无论从事什么职业,都应做得尽善尽美。无论在生活的哪一个方面,都不能容忍散漫的、马虎的态度。

　　某一个雨天的下午,有位衣衫褴褛的老妇人走进匹兹堡的一家百货公司,漫无目的地在百货商场内闲逛,很显然是过路前来躲雨的,并不打算买东西。大多数的售货员只是对她瞧上一眼,然后就自顾自地忙着整理货架上的商品了,以避免老妇人去麻烦他们。一位年轻的男店员看到了她,抽出工作间隙的时间,主动向她走去,很有礼貌地问候她是否有需要他服务的地方。老妇人很明显非常欣赏这位店员的举动,虽然当时她并没有买什么东西,但是离开的时候老妇人特意要了一张这位年轻人的名片。

　　这位年轻人稍后就忘记了这件事情。但是,有一天,他突然被公司老板召到办公室去,老板向他出示了一封信,是位老太太写来的。这位老太太要求这家百货公司派一名销售员前往苏格兰,代表该公司接下装潢一所豪华住宅的业务。

　　原来,这位提出服务需求的老太太就是美国钢铁大王卡耐基的母亲,她也就是这位年轻店员在几个月前很有礼貌接待的那位老妇人。

　　在这封信中,卡耐基夫人特别指定这个年轻人代表公司去接受这项优厚的工作。

　　艾伦大学毕业后分到英国大使馆做接线员。做一个小小的接线员,是很多人觉得很没出息的工作,艾伦却在这个普通工作上做出了成绩。她将使馆所有人的名字、电话、工作范围甚至他们的家属的名字都背得滚瓜烂熟。有些电话打进来,有时不知道该找谁,她就会尽量帮他准确地找到人。慢慢地,使馆人员有事要外出,并不是告诉他们的翻译,而是给她打电话,告诉她会有谁来电话,请转告哪些事,有很多公事、私事也委托她通知,艾伦逐渐成了大使馆留言中心全面负责的秘书。

有一天,大使竟然跑到电话间,笑眯眯地表扬艾伦,这是破天荒的事。结果没多久,她就因工作出色而破格调去给英国某大报记者处做翻译。

该报的首席记者是个名气很大的老太太,得过战地勋章,被授过勋爵,本事大,脾气也大,她把前任翻译给赶跑后,刚开始也不要艾伦,后来才勉强同意一试。一年后,工作出色的艾伦被破格升调到外交部,她干得又同样出色,之后获外交部嘉奖……

这个年轻的男店员是敬业的,无论在什么时候他都坚持了自己的职责,相信如果在当时他也和别的店员一样,那恐怕也就没有之后的机遇了。同样,如果你是其他的店员,那你也就因为没有像他一样敬业而失去了一次绝佳的成功的机会。

艾伦也是敬业的,虽然她开始被人认为只是一名普通的、没什么出息的接线员,但是她却在这样的岗位上尽职尽责,以满腔的热情来回报工作,最后也获得了成功。

敬业的人热爱自己的工作,尊重自己的工作,在自己的岗位上会全力以赴地寻求做到最好。而工作也会给予他们意想不到的回报。

敬业为魂!无论在什么情况下都重视你的工作,热爱你的工作,牢记自己的职责和原则,往往它会为你带来意想不到的收获。

敬业就是这样,这种精神渗透在你每天的日常工作中,如果你每天都能一如既往地兢兢业业地工作,那成功就会在某一天不期然地降临你的身边。

从小事做起

美国法学家霍姆斯（Oliver Wendell Holmes）曾经写过一篇文章《每一个细节背后的伟大力量》，而西点军校也深信细节的力量。西点一再强调学员必须熟知每一个细节，从背诵一些守则、擦亮扣环到M16步枪的构造和使用，所有的细节都必须了然于心。或许这些小事都不起眼，但是西点却严格要求每一个学员都要做好，因为在战场上，这样的细节可能扭转乾坤，帮助你活下来或是取得最后的胜利。

乔治·福蒂在《乔治·巴顿的集团军》中写道："1943年3月6日，巴顿临危受命为第二军军长。他带着严格的铁的纪律驱赶第二军就像'摩西从阿拉特山上下来'一样。他开着汽车转到各个部队，深入营区。每到一个部队都要训话，诸如领带、护腿、钢盔和随身武器及每天刮胡须之类的细则都要严格执行。巴顿由此成为美国历史上最不受欢迎的指挥官。但是，第二军却的的确确发生了变化，它不由自主地变成了一支顽强、具有荣誉感和战斗力的部队……"

巴顿一次次地训话，强调诸如领带、护腿、钢盔和随身武器及每天刮胡须之类的细则，虽然让士兵们厌烦，但是却在不知不觉中，使他们由细节开始转变，并最终改头换面。我们不得不说巴顿强调这些细节是有原因的。

西点学生每天都要检查服装仪容，包括皮鞋、扣环擦亮、上衣正确扎进裤子或裙子、衬衫衣衩和裤缝对直成一条线。西点把这些细节的检查作为衡量一个学员的重要参考尺度。一个不注重细节，忽略细节的人，在战场上是不可能有冷静的头脑及过人的分析的，而冲动、鲁莽恰恰是战场上的大忌。

学习细节也让西点学员了解，追求完美并不困难，就像擦鞋一样易如反掌。只要你学会了把鞋擦亮，对于更重大的事情，同样可以做到尽善尽美。西点努力训练学员养成追求完美的习惯，使它变成像呼吸一样的本能反应。

伟大的成就来自细节的积累，一切的成功者都是从小事做起，无数的细节就能改变生活。

可以说，工作中无小事，我们每个人所做的工作都是由一件件小事构成的。成功者之所以成功，并非因为他们在做多么伟大的事，而在于他们不因为自己所做的是小事而有所倦怠。

希尔顿饭店的创始人、世界旅馆业之王康·尼·希尔顿就是一个注重"小事"的人。康·尼·希尔顿要求他的员工："大家牢记，万万不可把我们心里的愁云摆在脸上！无论饭店本身遭到何等的困难，希尔顿服务员脸上的微笑永远是顾客的阳光。"正是这小小的永远的微笑，让希尔顿饭店的身影遍布世界各地。

曾有一位作家这样描述他在希尔顿饭店的愉快经历：

我早上起床，一打开门，走廊尽头站着的漂亮的服务员就走过来，向我问好，甚至叫出了我的名字。我十分奇怪，马上问她，你怎么知道我的名字？

"先生，昨天晚上你们睡觉的时候，我们要记住每个房间客人的名字。"

后来我从四楼坐电梯下去，到了一楼，电梯门一开，有一个服务员站在那里，他也向我问好，并叫出了我的名字。

怎么可能?

"先生,上面有电话下来,说你下来了。"

然后我去吃早餐,吃早餐的时候送来了一个点心。我就问,这中间红的是什么?

服务员看了一眼,后退一步说明,那是什么食材,旁边那个黑黑的又是什么。

她为什么后退一步? 因为为了避免她的唾沫碰到我的菜。

一早,这样的服务无疑给了我一天的好心情。

其实,每个人所做的工作,都是由一件件小事构成的。士兵每天所做的工作就是队列训练、战术操练、巡逻、擦拭枪械等小事;饭店的服务员每天的工作就是对顾客微笑、回答顾客的提问、打扫房间、整理床单等小事;秘书每天所做的可能就是接听电话、整理报表、绘制图纸之类的小事。

有些企业也许会觉得这些细枝末节无关紧要,但这正是一个企业成败的关键,是训练、测试员工能力的重要工具。

对待小事、对待细节的处理方式往往也反映了一个人工作的态度。是积极面对,脚踏实地,无论什么工作都尽心尽力完成,还是整日空想成功,却不愿从身边的事情做起,这两种截然不同的态度,就是成功者与失败者的区别。

对于一个关注细节,愿意把小事做好做细的员工来说,领导是最需要也是最愿意委以重任的。因为对待小事尚且如此,那面对大事,更能处理得当。一个不因任务是工作中的小事而轻视懈怠、敷衍了事的人,才是一个合格的员工,是一个被上司信赖的员工。

有一位年轻人,在一家石油公司里谋到一份工作,任务是检查石油罐盖焊接好没有。这是公司里最简单枯燥的工作,凡是有出息的人都不愿意干这件事。这位年轻人也觉得,天天看一个个铁盖太没有意思了。他找到主管,要求调换工作。可是主管说:"不行,别的工作你干不好。"

年轻人只好回到焊接机旁,继续检查那些油罐盖上的焊接圈。既然好工作轮不到自己,那就先把这份枯燥无味的工作做好吧!

从此,年轻人静下心来,仔细观察焊接的全过程。他发现,焊接好一个石油罐盖,共用39滴焊接剂。

为什么一定要用39滴呢? 少用一滴行不行? 在这位年轻人以前,已经有许多人干过这份工作,从来没有人想过这个问题。这个年轻人不但想了,而且认真测算试验。结果发现,焊接好一个石油罐盖,只需38滴焊接剂就足够了。年轻人在最没有机会施展才华的工作上,找到了用武之地。他非常兴奋,立刻为节省一滴焊接剂而开始努力工作。

原有的自动焊接机,是为每罐消耗39滴焊接剂专门设计的,用旧的焊接机,无法实现每罐减少一滴焊接剂的目标。年轻人决定另起炉灶,研制新的焊接机。经过无数次尝试,他终于研制成功了"38滴型"焊接机。使用这种新型焊接机,每焊接一个罐盖可节省一滴焊接剂。积少成多,一年下来,这位年轻人竟为公司节省开支5万美元。

一个每年能创造5万美元价值的人,谁还敢小瞧他呢? 由此年轻人迈开了成功的第一步。

许多年后,他成了世界石油大王——洛克菲勒。

有人问洛克菲勒:"成功的秘诀是什么?"他说:"重视每一件小事。我是从一滴焊接剂做起的,对我来说,点滴就是大海。"

点滴的小事之中蕴藏着丰富的机遇,不要因为它仅仅是一件小事而不去做。要知道,所有的成功都是在点滴之上积累起来的。

细节决定成败

恺撒大帝有一句名言:"在战争中,重大事件常常就是小事所造成的后果。"

西点军校很重视对新学员的细节训练,要求新学员背诵新学员知识,除了记住会议厅有多少盏灯,蓄水库有多大蓄水量外,还包括大声当众背诵日行事历(今天几点将做什么事)。此外,学校很注重服装仪容的细节。

西点让所有的学生都明白,战场上,任何一个细微的错误,一个细节的忽略都有可能导致流血牺牲,甚至整个战局的改变。战场上无小事,细节决定成败。

国王理查三世准备拼死一战了。里奇蒙德伯爵亨利带领德军正迎面扑来,这场战斗将决定谁统治英国。

战斗进行的当天早上,理查派了一个马夫去备好自己最喜欢的战马。

"快点给它钉掌,"马夫对铁匠说,"国王希望骑着它打头阵。"

"你得等等,"铁匠回答,"我前几天给国王全军的马都钉了掌,现在我得找点儿铁片来。"

"我等不及了。"马夫不耐烦地叫道,"国王的敌人正在推进,我们必须在战场上迎击敌兵,有什么你就用什么吧。"

铁匠埋头干活,从一根铁条上弄下四个马掌,把它们砸平、整形、固定在马蹄上,然后开始钉钉子。钉了三个掌后,他发现没有钉子来钉第四个掌了。

"我需要一两个钉子，"他说，"得需要点儿时间砸出两个。"

"我告诉过你我等不及了，"马夫急切地说，"我听见军号了，你能不能凑合？"

"我能把马掌钉上，但是不能像其他几个这么牢实。"

"能不能挂住？"马夫说。

"应该能，"铁匠回答，"但我没把握。"

"好吧，就这样，"马夫叫道，"快点，要不然国王会怪罪到咱俩头上的。"

两军交上了锋，理查国王冲锋陷阵，鞭策士兵迎战敌人。"冲啊，冲啊！"他喊着，率领部队冲向敌阵。远远地，他看见战场另一头几个自己的士兵退却了。如果别人看见他们这样，也会后退的，所以理查策马扬鞭冲向那个缺口，召唤士兵调头战斗。

他还没骑到一半，一只马掌掉了，战马跌翻在地，理查也被掀在地上。

国王还没有再抓住缰绳，惊恐的马就跳起来逃走了。理查环顾四周，他的士兵纷纷转身撤退，敌人包围了上来。

他挥舞宝剑，"马！"他喊道，"一匹马，我的国家倾覆就因为这一匹马！"

他没有马骑了，他的军队已经分崩离析，士兵们自顾不暇。不一会儿，敌军俘获了理查，战斗结束了。

从那时起，人们就说：

少了一个铁钉，丢了一只马掌，

少了一只马掌，丢了一匹战马。

少了一匹战马，败了一场战役，

败了一场战役，失了一个国家，

所有的损失都是因为少了一个马掌钉。

拿破仑是一位传奇人物,在世界各地都拥有一大批崇拜者。"这世界上没有比他更伟大的人了。"英国前首相丘吉尔曾经这样评价拿破仑。这位军事天才一生之中都在征战,曾多次创造以少胜多的著名战例,至今仍被各国军校奉为经典教例。然而,1812年的一场失败却改变了他的命运,从此法兰西第一帝国一蹶不振,逐渐走向衰亡。

1812年5月9日,在欧洲大陆上取得了一系列辉煌胜利的拿破仑离开巴黎,率领浩浩荡荡的60万大军远征俄罗斯。法军凭借先进的战法、猛烈的炮火长驱直入,在短短的几个月内直捣莫斯科城。然而,当法国人入城之后,市中心燃起了熊熊大火,莫斯科城的四分之三被烧毁,6 000多幢房屋化为灰烬。俄国沙皇亚历山大采取了坚壁清野的措施,使远离本土的法军陷入粮荒之中,即使在莫斯科,也找不到干草和燕麦,大批军马死亡,许多大炮因无马匹驮运不得不毁弃。几周后,寒冷的天气给拿破仑大军带来了致命的诅咒。在饥寒交迫下,1812年冬天,拿破仑大军被迫从莫斯科撤退,沿途大批士兵被活活冻死,到12月初,60万拿破仑大军只剩下了不到1万人。

关于这场战役失败的原因众说纷纭,但谁又能想到是小小的军装纽扣起着关键的作用呢?原来拿破仑征俄大军的制服上,采用的都是锡制纽扣,而在寒冷的气候中,锡制纽扣会发生化学变化成为粉末。由于衣服上没有了纽扣,数十万拿破仑大军在寒风暴雪中形同敞胸露怀,许多人被活活冻死,还有一些人得病而死。

许多时候,我们觉得没有多大联系的一些细节却往往决定着整个事件的成败。

西点人都深刻明白"罗马并非一天建成的"这个道理,也深知"千里之堤,溃于蚁穴"。细节能带来成功,同时也能导致失败。细节就好比精密仪器上一个细微的零部件,虽然只是一个细小的组成部分,但是却起着重要的作用，一旦这个"零部件"出错，那就意味着全盘皆输。

有一位老石匠在砌一堵墙，由于这堵墙砌得很自然，因而看起来很美。业主走在自己的田地上，注意到老石匠在砌那些小石块时和砌大石头一样用心，一丝不苟。业主走过来对石匠说："老人家，用那些大的石块砌，不是会干得更快吗？"

"是的，先生，的确如此。"老人回答说，"但是，您瞧，我是要把它砌得好看、坚实、经久不坏，倒不在乎速度快慢。"老人停下来想了一会儿，又说："先生，这些石块很像人们生活中的大小事情。这些小石块要一块一块砌结实，才能支撑住那些大石块。如果撤去这些小石块，大石块没有了支撑，自然也就垮下来了。"

要想获得成功，就必须从小事开始做并坚持下来，凭着坚韧的品质，打好自己的基础。正如那位老石匠所说的，"这些小石块要一块一块砌结实，才能支撑住那些大石块。如果撤去这些小石块，大石块没有了支撑，自然也就垮下来了。"小事情往往能成为大事情的基础，所以只有持之以恒，用一种坚忍不拔的态度把小事情做好，才能成就一番大事业。

每一个日本人，以及每个在日本生活过一段日子的人，都会熟悉日本首屈一指的牛奶制品厂家——"雪印"。

"雪印"创立已有 75 年，在日本全国拥有 34 家奶制品工厂，职工 6 700 多名，年销售额在 54 亿美元左右，牛奶制品占日本市场的 11.2%，居同行业之首。

然而，自 2000 年 6 月 27 日开始，大阪、京都、奈良等日本关西地区的居民因喝下"雪印"奶制品而相继出现呕吐、腹泻、腹痛等食物中毒症状。仅仅一天，大阪市卫生部门就接到 200 多起投诉电话。紧接

着,"雪印"的另一种鲜奶制品喝后也出现了中毒现象,而且中毒现象多达 14 000 余起。中毒事件立刻引起了日本全社会的震惊。

中毒原因很快查清,"雪印"大阪工厂生产的鲜奶中含有金黄葡萄球菌。这些细菌孳生在生产牛奶的输送管道阀门内壁以及阀门附近管道的内壁上。工厂承认:"三个星期没有清洗。"而公司的卫生制度是:生产线必须每天进行水洗,每周必须进行一次手洗杀菌处理。显然,灾难是人为造成的。这还不算,"雪印"大阪的工厂甚至将退货过期的牛奶作为原料重新利用。几乎是一夜之间,"雪印"这个日本奶制品王牌就名誉扫地了。

故事中"雪印"这个 75 年建立起来的知名品牌,因为工厂没有按照卫生制度定时清理输送管道内壁而毁于一旦。或许一开始工厂的领导者和员工都认为不清洗输送管不是什么大事,产量才是最重要的。但恰恰是他们眼中不起眼的细枝末节,75 年辛苦建立的荣誉,在一夕之间瓦解,可见细节的力量。

我们必须学会观察细节,不能忽视一些你认为不重要的事,事物都是有联系的,而你的成败,往往就由这些毫不起眼的事情决定。

对于一个领导人而言,熟知细节也是最佳的训练,尤其是面对紧急、影响重大的事情,这些知识更是管用。

前任西点校长潘模将军说过:"细枝末节最伤脑筋。"他的意思是说,即使是最聪明的人设计出来的最伟大的计划,执行的时候还是必须从小处着手,整个计划的成败就取决于这些细节。

细节是一种创造,细节是一种修养,细节是一种艺术,细节更是一种企业实力和领导功力的体现。对于一个企业来说,细节里隐藏着机会,细节中凝结着效率,细节上体现了利益,细节决定企业的成败!

Chapter 2

荣　　誉

荣 誉 准 则

　　在西点军校,让所有西点人最感到自豪的就是西点著名的"荣誉准则"——"每个学员决不撒谎、欺骗或盗窃,也决不容忍其他人这样做"。西点培养的不仅是一名军人,还是社会的精英。在西点,荣誉就是一切。

　　西点的荣誉制度就是在著名的"荣誉准则"的基础上建立的。

　　不撒谎。在西点,撒谎是最大的罪恶。西点 1985 年颁发的文件,对"撒谎问题"作了如下规定:

　　学员的每句话都应当是确切无疑的。他们的口头或书面陈述必须保持真实性。故意欺骗或哄骗的口头或书面陈述都是违背"荣誉准则"的。信誉与诚实紧密相关,学员必须获得信誉。只有通过准确无误的口头或书面陈述,才能获得荣誉。

　　在西点,不论是口头或是书面的报告,都必须是最完整、最准确的正式陈述。学员个人必须保证报告在呈递前后的准确性。列队报告时,组织者只有确认缺席学员是得到批准时,才能认为这个学员的缺席有正当的理由。假如报告上交了,后来又发现其中有不准确之处,必须尽早报告新的情况。

　　每个人不仅对自己的行为负责,为自己所说或所写的陈述负责,也要对别人的行为负责,这是西点经常对学员提出的要求。因此,学

员要常以口头或书面陈述的方式来表明他履行各种义务的情况，而这些口头或书面的陈述就代表着你个人，只有客观准确无误，才能赢得荣誉。

不欺骗。西点认为，如果学生为自身利益采取欺骗行为，或帮别人这样做以期获得不正当的利益，就是以欺骗方式违反了荣誉准则。西点认为学员的"欺骗"包括：剽窃（不加证明地引用别人的观点、别人的话、别人的材料或工作，占为己有）；不正当表现（在作业的准备、修改或校对中得到别人帮助而不加以说明）；使用未经允许的笔记等。

学员在论文、报告和设计中常使用别人的某些观点、语言、资料和成果，而且，在准备修改、编辑、整理、纠正、校对以及检查作业时，也常得到别人帮助。学员必须清楚、明确地注明作业中哪些部分不是自己独立完成的，特别要明确指出材料全部来源和各种接受援助方式。受其启发而产生新的思路或观点的材料，学员也要注明。

学员经常处在可能偷看别人作业的环境中完成评分的作业。学员必须知道，即使仅仅是为了验证自己作业正确与否而去看别人的作业，也是违反荣誉准则的。学员如果无意中看了别人的作业，尤其是评分作业，必须把情况向教员说明。

仅以准备和上交作业为例。学员作业的准备与上交代表着他个人的努力，得到别人的帮助和资料要有充分的说明。学员上交的作业，无论批过与否，都表明学员已经清楚而明确地说明了所使用材料的全部来源和得到的帮助，以及使用的程度。如果没有这方面的说明，则属于欺骗性行为。

同时，西点还十分注重学员的独立性。学员不应过分依赖别人的帮助，因为作业必须反映学员独立思考的程度。这种不受限制的帮助要满足一个要求：学员对获得的帮助要加以注明并表明这种帮助的程度。

不盗窃。如果学员从物品所有者或者他人那里，通过各种手段，非法地拿到、得到或者留用他人钱物以及任何有价值的东西，而且有意长久地据为己有，或者给别人使用，就属于盗窃，违反了"荣誉准则"。

军营的严密生活环境和学员彼此间形成的信誉，是学员生活中不可改变的两个方面。荣誉准则和制度培养了友谊和信任，保证了严密的军营中门不上锁，学员不用担心自己的财产被偷走。学员在借东西前，必须得到主人的同意。随意借东西将按学员纪律制度进行调查。如果没有及时归还物品，将被视作偷窃行为处理。西点图书馆对所有学员开放，但学员不应利用这个方便滥用资料，非法地把资料拿走，把期刊中的书页撕下，将参考资料有意放错地方，但又打算以后什么候再行归档，这些都是不道德的行为。因为这样的结果，影响了其他人利用这些资料，或减少了其他人借助这些资料学习与研究的可能性。因此，这些行为都被认为是欺骗或偷窃。

但也无法排除个别现象，不负责任、不尊重他人财产的行为也有发生。不经允许拿走他人东西，又没有在适当场合以适当方式物归原主，这个学员就滥用了别人对他的信任，违反了规定。

在西点人的眼里：信任，本身对你就是一种尊重，而你利用了别人对你的尊重，这是一件让人不齿的事。你不但会因此失去眼前的一切，也许你失去的会是一生的名声。在一个团体里，彼此信任可以促成一种安全感的形成，也会使每一个成员把更多的精力投入工作，更愿意为集体的荣誉奋斗。

在西点，荣誉制度和纪律规定相比似乎前者更引人注目，更有权威，也更严厉。背离"荣誉准则"的处罚一般也要比违反纪律的处罚来得严重。

1966届有一位不幸的新学员，由于过不惯冷峻单调的生活而心慌意乱，跑去参加一个学员的宗教团体晚会，想在那里找到几小时的安慰。当时，他不知道按照章程规定他有权参加这个聚会，他是忍不住去的，并在自己的缺席卡上填了"批准缺席"。当晚回到宿舍后，他又回顾了一下自己的所作所为，左思右想总觉得自己犯了罪。于是，便向学员荣誉代表坦白交代了。这时他才知道自己有权参加那个聚会。但一切都已经晚了，虽然他的行为一点也没有违反校规，但荣誉委员会认为他有违反荣誉准则的动机，因而有错，第二天他就被开除了。

这就是西点荣誉。不容许任何违背和挑衅的荣誉。

或许许多人认为，这样严格的荣誉制度只适合于军队，但是，对于一个企业来说，培养每个员工的荣誉感，以"荣誉准则"来约束所有企业成员的行为同样是十分重要且有效的。

重视个人荣誉，关注集体荣誉，时时刻刻捍卫个人与集体的荣誉，相信这样的员工无论走到哪里都能获得成功。

哈德逊河畔的西点军校

荣誉即吾命

"责任、荣誉、国家"是西点的校训，是指引着一代代西点学员的做人之本、立业之源。荣誉肩挑着责任和国家。

1962年，麦克阿瑟在西点以"责任、荣誉、国家"为题作了慷慨激昂的演讲。他这样说：

......

责任—荣誉—国家。这些神圣的名词尊严地指出您应该成为怎样的人，可能成为怎样的人，一定要成为怎样的人。它们是您振奋精神的起点；当您似乎丧失勇气时，由此鼓起勇气；似乎没有理由相信时重建信念；当信心快要失去的时候，由此产生希望。......

但这些名词却能完成这些事。它们建立您的基本特性，它们塑造您将来成为国防卫士的角色；使您软弱时能够坚强起来，畏惧时有勇气面对自己。在真正失败时要自尊，要不屈不挠；成功时要谦和，要身体力行不崇尚空谈，要面对重压以及困难和挑战的刺激；要学会巍然屹立风浪之中，但是，对遇难者要寄同情；要律人也律己；心灵要纯洁的，目标要崇高的；要学会笑，不要忘记怎么哭；要长驱直入未来，可不该忽略过去；要为人持重，便不可过于严肃；要谦逊。这样您就会记住真正伟大的纯朴，智慧的虚心，强大的温驯。它们赋予您意志的坚忍，想象的质量，感情的活力，从生命深处所焕发的精神，以勇敢的优势克服胆怯，甘于冒险胜过贪图安逸。它们在你们心中创造奇境，永不熄

灭的进取精神,以及生命的灵感与欢乐。它们以这种方式教导你们成为军官或绅士。

您所率领的是哪一类士兵?他们可靠吗?勇敢吗?他们有能力赢得胜利吗?他们的故事您全都熟悉,那是美国士兵的故事。我对他们估价是多年前在战场上形成的,至今并没有改变。那时,我把他看作世界上最崇高的人物!现在,仍然这样看待他,不仅是一个具有最优秀的军事品德,而且也是最纯洁的人。他们的名字与威望是每一个美国公民的骄傲。在年轻力壮的时期,他们奉献出了一切与忠诚,他无需我与别人来颂扬,他们写下了自己的历史,用鲜血写在敌人的胸膛上。可是,当想到他们在灾难中的坚韧,在战火里的勇气,成功的谦虚,我满怀的赞美之情是无法言状的。他们在历史上成为一位成功的爱国者的伟大典范;他们是后代的,作为对于子孙进行解放与自由主义的教导者;现在,他们把美德与成就献给我们。在20次会战中,在上百个战场上,在成千堆的营火中,我亲眼目睹不朽的坚忍不拔的精神,爱国的忘我精神以及不可战胜的决心,这些已把他们的形象铭刻在他的人民的心坎上。从天涯到海角,他们已深深饮干勇气之杯。

当我听到合唱队在唱这些歌曲时,在记忆的眼光中,我看到第一次世界大战中蹒跚的行列,在透湿的背包的重负下,从大雨到黄昏、从细雨到黎明,疲惫不堪地行军,沉重的军靴深深踩在弹痕斑斑的泥泞路上,进行你死我活的斗争。他们嘴唇发青,浑身泥泞,在风雨中哆嗦着。我不了解他们出生的高贵,可我知道他们死得光荣,他们从不犹豫,毫无怨恨,满怀信念,嘴边念叨着继续战斗直到胜利的希望。他们信奉责任—荣誉—国家;当他们在开启光明与真理时,他们一直为此流血、挥汗、洒泪。

……

这几个名词的准则贯穿着最高的道德准则,并将经受任何为提高人类文明而做的伦理或哲学的检验。它所要求的是正确的事物,它所制止的是谬误的东西。在众人之上的战士,要履行宗教修炼的最伟大的行为——牺牲。在战斗中,面对着危险与死亡,他显示出造物者按照自己意愿创造人类时所赋予的品质,只有神明的援助能支持他,任何肉体的勇敢与动物的本能都代替不了。无论战争如何恐怖,召之即来的战士准备为国捐躯是人类最崇高的进化。

……

荣誉是职业军人的行为标志,是军事生涯的重要组成部分,对于一个军人来说,荣誉即吾命!既然投身军营,要在军事领域奉献青春年华,就要有强烈的成就欲,有强烈的荣誉感。通过成就创造荣誉,通过荣誉感取得更大的成就,西点对此坚信不疑,也始终把荣誉教育优先予以考虑。

西点的基本教育方针就指出:责任和荣誉是军事职业伦理观的基本成分,它们鼓舞并指导毕业生努力报效国家。荣誉起着某种完美观念的作用,这一作用既可以使爱国主义精神长存,又可以提供一种度量责任履行程度的天平。这无疑充分说明了荣誉在这三者之间的重要性,荣誉肩挑着责任和国家。

西点的学员都把荣誉看得十分重要。西点新生一入学,就要首先接受 16 小时的荣誉教育。教育只要用具体事例说明珍惜荣誉的重要性和方式方法,以及荣誉感对一生的好处。然后,以不同的方式将荣誉教育体系贯穿于 4 年学习生活的始终。目的是让每一个学员逐步树立起一种坚定的信念:荣誉是西点人的生命。

陆军的菲尔将军说:在西点军校,荣誉制度是非常重要的,我认为,这一荣誉制度是西点军校不同于其他学校的关键所在。我非常珍惜这一制度,如果我们去掉它,我宁愿从后备军官训练团和候补军官学校接收陆军军官,而把西点军校忘掉。这就是荣誉制度的重要性。

西点"责任、荣誉、国家"的理念赋予了西点毕业生饱满的工作热

情和卓越的领导能力。尤其是荣誉感,在商业经营中让西点毕业生获益匪浅。

一个西点军人挣的薪水哪怕是最低的收入,但他们觉得自己是这一伟大事业中很重要的一分子,视军人为最大荣誉,把自己的一生与西点军人紧紧联系在一起。

西点 1972 年毕业生,Korn 公司总裁杰夫·钱皮恩曾说过:"做人与做生意一样,首先要讲究正直,而正直给你带来的荣誉也会让你得到更大的回报。"杰夫退役后曾在一家机器公司当销售经理。有一段时间,他推销机器非常顺利,半个月内就同 25 位顾客做成了生意。

有一天,他突然发现他所卖的这种机器比别家公司生产的同样性能的机器贵了一些,他想:"如果顾客知道了,一定以为我在欺骗他们,会对我的信誉产生怀疑。"于是,深感不安的杰夫立即带着合约书和订单,逐家拜访客户,如实地向客户说明情况,并请客户重新选择。

他的行动使每个客户都很受感动,为他带来了良好的荣誉,大家都认为他是一个值得信赖的正直的人。结果,25 人中不但没有一个解除合约,反而又给他带来了更多的客户。

杰夫冒着解除合约,蒙受利益损失的风险,用自己的正直、诚信维护了个人的荣誉。正是因为他看重自己的荣誉,才获得了客户更多的信任与尊重,非但没有蒙受损失,还获得了更多的客户。

在工作中,无论什么时候,我们都应该意识到:我们工作的目的不仅仅是薪酬,而是个人的能力提升,是个人价值的体现,是个人荣誉的获得。或许为了荣誉我们必须牺牲一部分个人的利益,但是却可以获得无比珍贵的个人影响力。

维多利亚·柯罗娜的丈夫曾经宣誓效忠西班牙王室,所以,当意大利诸王侯劝说他离开西班牙时,他非常犹豫,毕竟,他要受到自己誓言的约束。

这时,他的妻子写信给他,信中写道:"牢记你的荣誉,正因为有了它,你才高过国王。拥有这种荣誉,便是拥有了真正的辉煌,而完全无需任何头衔的点缀。如果这种辉煌能够不受任何玷污传给子孙后代,你会真正感到幸福和光荣。"

人生需要荣誉。没有荣誉的人生,是黑漆漆的、无声无息的。所以英国诗人拜伦有两句诗道:"情愿把光荣加冕在一天,不情愿无声无息地过一世!"

美国第18届总统、
南北战争北方联邦总司令格兰特将军

为自己奋斗

在西点，荣誉制度和纪律规定相比似乎前者更引人注目，更有权威，也更严厉。西点人把荣誉看成是自己的生命，愿意为了个人的荣誉而奋斗，甚至牺牲。

西点新生一入学，就要首先接受 16 小时的荣誉教育。教育只要用具体事例说明珍惜荣誉的重要性和方式方法，以及荣誉感对一生的好处。然后，以不同的方式将荣誉教育体系贯穿于 4 年学习生活的始终。

每一个西点毕业的学生都明白，西点讲究团结，同时也强调个人的奋斗。在这里，没有为自己荣誉而奋斗的理念，就不可能赢得个人荣誉！

戴维·布瑞纳出身于一个贫困但很和睦的家庭，但后来通过自己不懈的努力成了美国著名的喜剧演员。

在他中学毕业的时候，他的许多同学都得到了新衣服，甚至有些富家子弟得到了新汽车。但当戴维跑回家，问父亲他能得到什么礼物的时候，他拥有了世界上最好的礼物。

父亲从上衣口袋里拿出一枚硬币轻轻放在戴维的手上。父亲对他说："别人送给你的任何东西都是有限的，只有你自己才能赚下一个无限的世界。用这枚硬币买一张报纸，一字不漏地读一遍，然后翻到分类广告栏，自己找个工作。到这个世界去闯一闯，它现在已经属于你了。"

戴维曾经一直以为这是父亲同他开的一个天大的玩笑。几年后，戴维去部队服役，当他坐在散兵坑道里认真回首他的家庭和他的生活的时候，才意识到父亲给了他怎样一件珍贵的礼物。

中学毕业时，他的那些朋友得到的只不过是衣服或者新车，但是父亲给予他的却是整个世界。这是世界上最好的礼物。

别人所给予的永远都不会属于你自己。一个想要成功的人，不应满足于送入笼中的食物，而应该努力掌握自己捕猎的技能，寻找开启这个世界的钥匙。

独立地为自己而奋斗也是西点教会学员的一项重要理念。在这里，你可以接受别人的帮助，但是必须在交代结果的时候一并注明；你必须学会团队合作，但同时也必须为个人的荣誉努力奋斗。

对于所有的西点人来说，为自己奋斗是体现自身价值的最好方法。在西点，没有什么神明能保佑你，能帮助你摆脱现状的唯有自己——你就是自己的圣人！

1947 年，美孚石油公司董事长贝里奇到开普敦巡视工作，在卫生间里，看到一位黑人小伙子正跪在地上擦洗黑污的水渍，并且每擦一下，就虔诚地叩一下头。贝里奇感到很奇怪，问他为何如此？黑人答道：我在感谢一位圣人。

贝里奇问他为何要感谢那位圣人？

黑人小伙子说："是他帮助我找到了这份工作，让我终于有了饭吃。"

贝里奇笑了，说："我曾经也遇到一位圣人，他使我成了美孚石油公司的董事长，你愿意见他一下吗？"

小伙子说："我是个孤儿，从小靠锡克教会养大，我一直都想报答

养育过我的人。这位圣人若能使我吃饱之后，还有余钱，我很愿去拜访他。"

贝里奇说："你一定知道，南非有一座有名的山，叫大温特胡克山。据我所知，那上面住着一位圣人，能为人指点迷津，凡是遇到他的人都会前程似锦。20年前，我到南非登上过那座山，正巧遇上他，并得到他的指点。假如你愿意去拜访，我可以向你的经理说情，准你一个月的假。"

这位年轻的小伙子是个虔诚的锡克教徒，很相信神的帮助，他谢过贝里奇后就真的上路了。30天的时间里，他一路披荆斩棘，风餐露宿，终于登上了白雪覆盖的大温特胡克山。然而，他在山顶徘徊了一天，除了自己，什么都没有遇到。

黑人小伙子很失望地回来了。他见到贝里奇后失望地问："董事长先生，一路我处处留意，但直至山顶，我发现，除我之外，根本没有什么圣人。"

贝里奇说："你说得对，除你之外，根本就没有什么圣人。因为，能帮助你的只有你自己，你就是自己的圣人！"

20年后，这位黑人小伙子靠自己的拼搏成为美孚石油开普敦分公司的总经理，他的名字叫贾姆纳。在一次世界经济论坛峰会上，他作为美孚石油公司的代表参加了大会。在面对众多记者关于他传奇一生的提问时，他说了这样一句话："发现自己的那一天，就是成功人生的开始，因为找到了自己就找到了世界。能创造奇迹的人，只有自己，你就是自己的圣人！"

或许你总是抱怨上帝没有给你机会，没有为你的成功创造各种条件……但你是否真的想过，逆境是对你的一种磨炼，条件也可以由自己创造，你没有夺得成功的原因并非你抱怨的这些，而恰恰是你不愿意面对的——你自身的原因，你的不努力。

西点毕业生中之所以出现了如此多的成功者,很大程度上也归功于西点人从不抱怨环境的恶劣,从不咒骂上天的不公,他们在那些人抱怨或是咒骂的时候,已经开始为摆脱困境而奋斗,并且在情况改变之前奋斗不止。

西点的精神告诉我们,没有谁能够给予我们成功,成功必须依靠自身的奋斗来获取。每个渴望成功,渴望荣誉的人,都应该自强不息,为了自己而奋斗!

黛安娜·罗斯是美国歌坛的超级明星。她很年轻的时候就崭露头角,成为著名女子三重唱乐队的主打歌手。单飞以后获得了更为巨大的成功,许多她的成名歌曲不仅表达了她自己奋斗的历史和心声,也激励了千百万人从中获得了力量。例如她的著名歌曲《如果我们一起坚持下去》(*If we hold on together*)表达了一种自强不息的理念的人生态度,是她的人生写照,也是她给年轻人的一份礼物。

在其自传中,曾经提及了这样一段不为人所知的故事:

在我8岁的时候,有一天,我从小学哭着回家。当时我满脸通红,刚刚挨了一顿打。我告诉我的母亲,有个小子打了我耳光,我尽力躲避,但是没有躲开。

她抚摸着我通红的脸,问我:"他为什么要打你?"

我回答:"我没得罪他,他就是叫我'黑鬼',然后就打了我。"

妈妈的脸色突然变得非常冷峻,显然她非常生气。"你以后永远不要让别人叫你黑鬼并且打你。嘿,听着,我要你反抗和斗争,为你应该拥有的一切而斗争。"

一个星期后,仍然在学校里,有一些小坏蛋跟我过不去,骂我骂得非常难听,然后就笑着跑了。我知道,他们就是希望我不痛快,但是我不。我感到非常愤怒,并没有试图躲避,而是勇敢地面对他们进行了

应有的反击。我和那伙小坏蛋并没有谁输谁赢的问题,重要的是我不再躲避而是直面他们的挑战了。

从那时起,我作出了一个决定,我要反击那些欺负我的人,正如妈妈所说的那样,我一定会获胜。我一定不会再让自己难堪了。对我来说,至关重要的是,面对他人不公正的待遇时,我不再躲闪,而是懂得要自强,要反击,要为自己而奋斗。

这是我人生重大的转折点吧。

面对困难不再逃避或闪躲,而是直面这些挑战,自强不息,进行反击,为了自己而奋斗。唯有这样,才可能摆脱那些困难。

无论是在生活中还是在事业上,自己奋斗,为荣誉而战,这样的人往往能获得成功。因为他们有明确的人生目标,努力在自己所在的领域成为"国王"而非"乞丐",不会在别人的称赞中迷失自己奋斗的方向。

没有谁能够左右你,成为第一还是甘于现状,一切都取决于你自己的奋斗。

懂得为自己奋斗的人,决不会满意于目前的成就,也不会因为他人的夸奖而沾沾自喜。他们总是不停地向前迈进,在他们的眼中,下一次的努力永远都可能创造更高的成就。

生命不息,奋斗不止。每个人都可以成为自己的国王,自己的圣人,命运掌握在你自己手中,世界也将在你的奋斗过程中慢慢向你展现。

Chapter 3

意　　志

绝不惧怕失败

　　人无完人，一个人总会犯错误，也总会经历失败。西点精神强调荣誉，为学员灌输强烈的荣誉感和胜利意识，敦促他们全力以赴投入到竞争中去，努力赢得胜利，争取第一。但是第一永远只有一个，西点在强调学员的胜利意识的同时，也不断磨炼他们的意志，促使他们养成一种不惧怕失败，永不放弃的精神。

　　在西点军校流行这样一句话：畏惧失败就是毁灭进步。人人都渴望胜利和荣誉，人人都希望成为第一，但是绝对没有人会被失败击倒。所有的人在没有赢得胜利时，都只会问自己同样的问题：我尽力了吗？我还可以做得更好吗？

　　失败并不代表什么，只要继续努力，胜利终将属于锲而不舍的人。

　　第二次世界大战后期盟军发动的一次大攻势期间，当时的盟军统帅艾森豪威尔（后来成为美国第 34 任总统）有一天在莱茵河附近散步，遇见一名看来神情沮丧的大兵。

　　"你还好吗，孩子?"他问道。

　　"将军，"那年轻人回答，"我烦得要死。"

　　"那你跟我真是难兄难弟，"艾森豪威尔说，"因为我也很心烦。也许，如果我们一起散散步，对大家都会有好处。"

　　没有打官腔，也没有讲任何的大道理。但这几句话多具有鼓励作用？

"我曾由于钦仰霍华德·韩德利克斯,决定参加一个他参与主持的讲习班,他的风格、诚意、才华和信心,都从他所说的每一句话中充分表露了出来。他可真是我见过的最出色的教师。但不久之后,我泄气了,认为自己永远不可能比得上他。"

"有一天,他似乎察觉到了我的心意,或许那也是全班的共同感受。于是,他停止了授课,开始坦诚地对我们说起自己的经历。他平静地叙述他的失败,又说他曾几次想放弃教学生涯。我们听了都不禁笑了起来,但随即就觉得心里很难受和很同情他。我了解到他也是血肉之躯,不是完人,和我们大家没有两样。"

"人生不是百米短跑,"他对我们说,"它是一场马拉松比赛,最后到达终点的通常都是那些像你我那样拖着沉重脚步慢慢奔跑的人。"

人生的确像是一场漫长的马拉松赛,或许有一段你落在了队伍的后面,但是只要没有结束,你就永远有机会赶超。

一次的失败并不代表终身的失败,哪怕你从未获得过胜利,你依然不应惧怕失败。就如同当年爱迪生发明电灯时一样,他尝试了几百种乃至上千种材料做灯丝都没有成功,但别人嘲笑他的失败的时候,他却说:"我至少知道了那些材料不适合做灯丝。"

马里奥·科摩于1982年当选美国纽约州州长,连任12年。他的父母都是20世纪20年代末期才移民美国的,父亲曾为了养育他而做过许多工作,这样的生活也教会了他许多东西,让他提起他出身工人阶级时总是自豪无比。

在马里奥·科摩的日记中,记载着这样一个小故事:

那天是我们搬到豪尔乌斯的山区后不到一周,就遇到一场非常可怕的暴风雨,门前原来那棵40英尺高的大树几乎被狂风连根拔出地面,向前倾斜着。

我们站在街道上俯视那棵树足足有 2 分钟。等我们弄清了原委之后，父亲郑重地宣布："好了，我们现在把它扶起来。"当时我觉得非常不可思议，大树的根都露出地面了，它就要死了，把它扶起来还有什么用。但是父亲不是这么想的："不要再说了，我们把它扶起来，它会继续生长的。"我们不能对父亲说"不"，因为我们是他的儿子，而他已经决定了这件事。

我们从房间里取来绳子，把绳子拴在那棵倒了的大树树冠的一端，然后父亲和我站在房子旁边一起拉绳子，而弗兰基则站在雨中的街上帮助把这棵大树扶起来。虽然我们失败了好几次，但是父亲总是鼓励我们再试一次，结果我们真的就把它扶了起来。当时我真不敢相信我们竟然做到了。

接着我们又和父亲一起把它重新种植好，并用绳子固定好。最后父亲对我们说："不用担心了，它又开始生长了。这不是很简单吗？"

只要我们坚持不懈，再尝试一次，最终我们会成功的，做任何事情都是这样。

因为短暂的失败而惊慌失措只能乱中添乱，因为没有坚韧的毅力而中途放弃只能一事无成，这些都将导致你走向更大的失败。

爱迪生也是在经历了许多次的失败之后才找到了合适的灯丝，发明了电灯，为人类的黑夜带来了光明；哥伦布也是在经历了多年的等待之后才有机会带领船队发现了新大陆。可见，成功的秘密也在于坚持到最后，坚持到底才能拥有完满的句号。

只要继续努力不畏惧失败，世界上就没有永远的失败者。

哥伦布曾在意大利北部城市帕维亚的帕维亚大学攻读天文学、几何学和宇宙志、《马可·波罗游记》、地理学家的理论、海员的报告和传说、由海外传来的非欧洲血统的有关海事的艺术和技艺的著作——所

有这些都激发了他的想象。

过了好几年,他逐渐产生了一个坚定的信念:根据归纳推理,世界是一个球体。根据演绎推理,可知从西班牙向西航行能到达亚洲大陆,正像马可·波罗向东航行到达了亚洲大陆一样。他怀着炽热的心情想去证实他的理论。他开始寻找必要的财政后盾、船只和人员,以便去探索未知的东西,寻找更多的东西。

他开始行动了! 他把心力始终贯注在目标上。在长达十年的时间内,他时常差一点就取得了必要的帮助。但是,国王的欺诈、人们的嘲笑和怀疑、政府下级官员的恐惧,还有一些商人不讲信用——他们原要帮助他,但在最后由于他们科学顾问的怀疑,拒绝给予援助——给哥伦布带来了一连串的失败。但他仍然不断地努力。

直到1492年,他终于得到了他坚持不懈地寻找和企盼的帮助。那年8月,他开始向西航行,打算前往日本、中国和印度。

哥伦布在加勒比海登陆以后,就带着金子、棉花、鹦鹉、珍奇的武器、神秘的植物、不知名的小鸟和野兽以及几个土人回到了西班牙。他认为他已到达了他的目的地,已经到达了印度以外的岛屿,但实际上他没有到达亚洲。哥伦布虽然未能立即认识到这一点,但他却发现了更多的东西,相当多的东西!

1832年的美国,有一个人和大家一块儿失业了。他很伤心,但他下决心改行从政。他参加州议员竞选,结果竞选失败了。他着手开办自己的企业,可是,不到一年,这家企业倒闭了。此后几年里,他不得不为偿还债务而到处奔波。

他再次参加竞选州议员,这一次他当选了,他内心升起一丝希望,认定生活有了转机。1851年,他与一位美丽的姑娘订婚。没料到,离结婚日期还有几个月的时候,未婚妻不幸去世,他心灰意冷,卧床数月不起。

第二年,他决定竞选美国国会议员,结果仍然名落孙山。但他没有放弃,而是问自己:"失败了,接下去该怎么做才能获得成功?"

1856 年,他再度竞选国会议员,他认为自己争取作为国会议员的表现是出色的,相信选民会选举他,但还是落选了。

为了挣回竞选中花销的一大笔钱,他向州政府申请担任本州的土地官员。州政府退回了他的申请报告,上面的批文是:"本州的土地官员要求具有卓越的才能,超常的智慧。"

接二连三的失败并未使他气馁。过了两年,他再次竞选美国参议员,仍然遭到失败。

在他一生经历的十一次重大事件中,只成功了两次,其他都是以失败告终,可他始终没有停止追求。1860 年,他终于当选为美国总统。他就是至今仍让美国人深深怀念的亚伯拉罕·林肯。

虽然林肯一生经历的十一次重大事件中只成功了两次,但凭借着他不懈的努力和追求,在多次失败的情况下依然不气馁,从头再来,最终当选了美国总统,至今仍被世人所怀念和称颂。或许他没有傲人的才华,没有惊人的智慧,但就是那种不畏惧失败,不愿放弃的品性让他走得比别人更远,能获得非凡的成功。

在西点,没有常胜将军也没有永远的失败者,生活中亦是如此。现在的胜利代表的是对你过去的肯定,但不进则退,胜利者面临着他人与自我双重的挑战;而现在的失败同样只代表过去,只要继续努力,下次的胜利就有可能属于你。

真正的失败是什么?真正的失败是放弃,是犯了错误但不能从中吸取教训。我们所面对的失败并不可怕,可怕的是我们就此被失败所吓倒。

没有经历过失败又怎么能感受到成功的喜悦?如果你现在正处于人生的低潮,请不要畏惧你的失败和面前的困难;如果你现在正享受胜利的喜悦,也请继续努力,还有更高的山峰等待你的攀越。

永 不 放 弃

西点军校有这样的规定：在任何时候、任何情况下，学员都应精神振奋，斗志昂扬，不允许有颓废之情。西点校园内，很少听到"我不行"的话。

西点不欢迎失败情绪，如果真的失败了，要想办法从失败中找回胜利，以百折不挠的精神拥抱胜利。

1942年3月，麦克阿瑟从丹巴岛回美国担任盟军总司令一职。棉兰老空军司令夏普将军迎接了麦克阿瑟一行，并为他们准备了一顿自撤离马尼拉之后从未奢望过的丰盛饭菜。当时，棉兰老北部仍在美菲军队控制之下，德尔蒙特机场仍可使用。但由于事先安排好的飞机未能按时到达，致使麦克阿瑟一行等到17日凌晨才从德尔蒙特乘两架B-17轰炸机飞往澳大利亚。这两架飞机原计划飞往达尔文机场，但因遇日军空袭达尔文而改飞巴切勒机场。随后，他们改乘一架C-47飞机前往中部的阿利斯斯普林斯，从那里再乘火车前往最终目的地墨尔本。途经阿德莱德车站时，闻讯赶来的记者们要求麦克阿瑟发表讲话，他向他们作了恺撒式的声明：

就我所知，美国总统命令我冲破日本人的防线，从科雷希多岛来到澳大利亚，目的是组织对日本的进攻，其中主要目标之一是援救菲律宾。我出来了，但我还要回去！

　　"我还要回去"成了麦克阿瑟在第二次世界大战中的一句名言和鼓舞士气的战斗口号。它被写在海滩上，涂在墙壁上，打在邮件上，填进祷词中。

　　正是因为他在西点的经历，强化塑造了他永不放弃的坚韧品格。

　　在西点，学员面对长官的问话可以回答"不知道"，但是对于命令只有绝对的服从与执行。学员执行任务只能回答"我一定做到""我能行"，最差也是"我执行""是"，绝对没有一个学员能说"我不行"或"我办不到"。

　　就拿西点的橄榄球队来说。西点的橄榄球队一度战绩不佳，屡战屡败，但从校长、教练到球员，都有一种不服输的精神。他们通过不断接纳新队员，撤换教练，加大训练难度，立誓夺回冠军。一般同学也积极支持球队，主动承担球员的补课工作，为他们夺回荣誉创造条件。所有的队员在屡战屡败的时候都没有放弃过胜利的梦想，都没有被一次次失败无情地击倒，相反，由于经受了多次失败的洗礼，他们愈挫愈勇，坚持不懈最终夺回了冠军。

　　西点的训练是严苛的，西点学员最后只有 50％—70％ 能毕业，但不可否认，西点的磨炼塑造了所有学员坚持不懈、永不放弃的品格，为他们的将来奠定了更坚实的基础。

　　有一幅漫画：在一片水洼里，一只面目狰狞的水鸟正在吞噬一只青蛙。青蛙的头部和大半个身体都被水鸟吞进了嘴里，只剩下一双无力乱蹬的腿，可是出人意料的是，青蛙却将前爪从水鸟的嘴里挣脱出来，猛然间死死地箍住水鸟细长的脖子……

　　这幅漫画就是讲述这样的道理：无论什么时候，都不要放弃！即使面临死亡，都不要放弃。越来越懈怠、泄气只会将自己逼入绝境。任何时候都存有希望，不论多晚，成功都可能在你努力之后出现。而

一旦放弃或是畏惧了，那连一丁点的胜利机会都没有了。

1914 年 12 月的一场大火，几乎摧毁了汤玛斯·爱迪生的实验室，虽然损失逾 200 万美元，但因为那座建筑物是混凝土所建，原本以为可以防火的，所以只保了 238 000 美元的火险，而爱迪生一生大半的研究都在这次火灾中付之一炬。而此时，爱迪生已经是个 67 岁的老人，不再是年轻的小伙子了。

火势正大时，爱迪生 24 岁的儿子查尔斯，在浓烟和瓦砾中疯狂地寻找父亲。找到时，爱迪生正平静地看着火景，火光反射在他脸上，看不出丝毫的抱怨或是悲痛之情。

他看到儿子，于是扯开喉咙叫道："查尔斯，你母亲在哪里？"当儿子回答说不知道后，他又叫道："把她找来，她有生之年再也看不到这种景象了。"

第二天早晨，爱迪生看着满是灰烬的废墟说："灾难中自有大价值，我们所有的错误都烧之殆尽。感谢上帝，我们又可以重新开始了。"

而就在大火后 3 个月，爱迪生发明了他的第一部留声机。

永不放弃的人是不可战胜的。就如同爱迪生一样，哪怕是在 67 岁的时候遭受到这样沉重的打击，依然可以再创辉煌。

如果经历了多次的失败，你会就此放弃自己的理想，从此停滞不前乃至后退吗？如果你依然坚持了，总结了失败的经验教训继续前行，相信最后也会获得成功的。

有伟大理想的人，即使是再多的失败和拒绝，再坚固的铜墙铁壁也阻挡不了他前进的脚步。对理想的执著追求来之不易，所以很少有人成功，而多数人以失败而告终。许多人被一次失败就打倒了，所以在成功面前就停住了自己前进的脚步。但如果在连续多次跌倒之后，一个人还能重新爬起来继续前行,还能充满斗志不言放弃,那他一定能成为一位杰出的人物。

当塞洛斯·W.菲尔德从商界引退的时候,他已经积累了大量的财富。而这时他却对在大西洋中铺设海底电缆这一构想发生了极大的兴趣,这样一来欧洲和美洲就能建立电报联系。菲尔德倾其所有来完成这一事业。前期的准备工作包括建造一条从纽约到纽芬兰圣约翰的电话线路,全长一千多英里。这其中有四百多英里需要穿过一片原始森林,为此他们不得不在铺设电话线的同时修建一条穿越纽芬兰的道路。这条线路中还有一百四十多英里要通过法国的布列塔尼,建设者们在那儿也投入了大量的人力。与此相同的还有铺设通过圣劳伦斯的电缆。

通过艰苦的努力,菲尔德得到了英国政府对他公司的援助。但是在国会里,他曾经遭到一个很有影响力的团体的强烈反对,在参议院表决时,菲尔德的方案仅以一票的优势获得通过。英国海军派出了驻塞瓦斯托波尔舰队的旗舰阿伽门农号来铺设电缆,而美国则由新建造的护卫舰尼亚加拉号来承担这一工作。但是由于一次意外,已铺设了5英里长的电缆卡在了机器里,被折断了。在第二次实验中,船只驶出200英里时,电流突然消失了,人们在甲板上焦急沮丧地来回走动,似乎死期就要来临。正当菲尔德先生要下令切断电缆的时候,电流就像它消失时那样,突然又神奇地恢复了。接下来的一个晚上,船只以每小时4英里的速度移动,而电缆以每小时6英里的速度延伸,但由于刹车过于突然,船只猛烈地倾斜了一下,电缆又被卡断了。

菲尔德不是一个轻言放弃的人。他重新购买了七百多英里长的电缆,委托一位精通此行的专家设计一套更好的铺设电缆的机器设备。美国和英国的发明家齐心协力地工作,最后决定从大西洋中央开始铺设两段电缆。于是两艘船开始分头工作,一艘开往爱尔兰,另一

艘驶往纽芬兰,每艘船都各自承担一头的铺设工作。大家希望这样能够把两个大陆连接起来。就在两艘船刚分开3英里时,电缆就断了。人们重新连上了电缆,但是当两艘船相距80英里时,电流又消失了。电缆再次连上了,大约又铺设了200英里之后,在距阿伽门农号20英尺处,不幸电缆又断了,阿伽门农号随即返回了爱尔兰海岸。

项目负责人都感到非常沮丧,公众开始怀疑,投资商开始退却。如果不是菲尔德先生不屈不挠、夜以继日、废寝忘食地工作,说服众人,整个工程项目早就被放弃了。终于开始了第三次尝试,这一次成功了,整条电缆线顺利地铺设完成。信号开始在大西洋上传送,但是突然电流中断了。

大家都失去了信心,只有菲尔德先生和他的一两个朋友仍然对此抱有希望。他们继续坚持工作,并且说服了人们继续投资进行试验。一条崭新的更为高级的电缆由大东部号负责铺设。大东部号慢慢地驶向大西洋,一边前进一边铺设。一切都进行得很顺利,直到距离纽芬兰600英里处,电缆突然折断沉入海底。几次捞起电缆的尝试都失败了,这一项目也因此停顿了将近一年。

但是菲尔德先生并没有被这些困难吓倒,继续为自己的目标努力,不断为自己打气,告诉自己一定能够成功。他组建了新公司,并制造了一种当时最为先进的电缆。1866年7月13日,试验开始了,这一次成功地向纽约传送了信息,全文如下:

无比满足,7月27日

我们于早上9点到达。一切顺利。感谢上帝!电缆铺设成功,运行良好。

塞洛斯·W.菲尔德

那条旧的电缆也找到了,重新连接起来,通往纽芬兰。这两条线路现在仍在使用,而且将来也会有用。

正是因为这些成功者的执著和不服输、不放弃才造就了人类今天的文明和进步,才造就了如此的成就和财富。

在人生的海洋里布满了暗礁,它的出现经常出人意料,但只要勇敢坦然面对,不被突如其来的困难所吓倒,就能克服它,走出失败的阴影。

在许多时候,我们遭遇失败就是因为我们缺少了那一点点坚持,一点点执著,一点点不屈不挠的毅力。分明成功的曙光就在眼前,但是我们却没有信心和毅力再坚持下去,结果从前所遭受的艰难困苦也都白费。

所以,永不言败,对于那些准备从芸芸众生中脱颖而出的人来说是十分重要的品质。本杰明·富兰克林也是一个一旦有了目标就不轻易放弃的人。最著名的就是他当时在创业阶段,指着一小片自己晚饭吃剩下的黑面包对他的竞争对手说的那段话:"除非你能生活得比我还简朴,否则你就不可能把我挤出去。"

在看似无望的时候依然不退缩、不放弃,依然一心一意向着既定的目标前进的人才是最后能拥有成功的人。这样的人在成功的路上可能经常遭受到打击,但是永远不会被打倒。这样的人能克服一路上吓退许多懦夫的大大小小的困难,哪怕失败了也会爬起来重新开始奋斗而毫不灰心。这样的人才是用生命征服命运的英雄,才是终究能在事业上做出显著成就的人。

时间是一个漆黑、凉爽的夜晚,地点是墨西哥市,坦桑尼亚的奥运马拉松选手艾克瓦里吃力地跑进了奥运体育场,他是最后一名抵达终点的选手。

这场比赛的优胜者早就领了奖杯,庆祝胜利的典礼也早就结束,

因此艾克瓦里一个人孤零零地抵达体育场时,整个体育场几乎空无一人。艾克瓦里的双腿沾满血污,绑着绷带,他努力地绕完体育场一圈,跑到了终点。在体育场的一个角落,享誉国际的纪录片制作人格林斯潘远远看着这一切。接着,在好奇心的驱使下,格林斯潘走了过去,问艾克瓦里,为什么要这么吃力地跑至终点。

这位来自坦桑尼亚的年轻人轻声地回答说:"我的国家从两万多公里之外送我来这里,不是叫我在这场比赛中起跑的,而是派我来完成这场比赛的。"

没有任何借口,没有任何抱怨,跑完比赛,直到终点就是他一切行动的准则。

虽然艾克瓦里是整个赛事的最后一名,虽然没有观众、鲜花和掌声迎接他跑到终点,但是他无疑也是一个胜利者,是一个英雄。

一切贵在坚持,只要坚持,哪怕是弱小的力量也能创造出意想不到的效果。永不言败就是一种勇气,一种不达目的誓不罢休的勇气。

毫无疑问,一个想要拥有最终成功的人,倘若没有这股不服输、永不放弃的执著精神,在遇到困难的时候犹豫不决,不能使困难臣服于自己的决心和毅力,不能冲破一切阻挠,那么,他只能获得部分的成功,并从此停滞不前或者就什么成就都没有。或许这个人很有天赋,或许他也很刻苦,但是如果没有那种不放弃、不服输的精神,只是任由自己的目标或是理想自生自灭,不断重复开始却永远没有尾声,那他终究只能是个失败者。

西点不需要那些"不可能"或是"我办不到"之类话,把这些借口永远丢掉,因为正如拿破仑说的:"不可能"是傻瓜才用的词!

坚韧的品质

西点军校的毕业生中，很多都取得了傲人的成就，但是当你问起他们成功秘诀的时候，没有人会归因于自身的聪敏，而更多是认为，军校给予的品格上的锻炼，才铸就了今日的辉煌。

西点的训练严格，西点的教官冷峻，西点不收留意志薄弱者。在标准面前多少眼泪都于事无补，反而会受到军官和同学的轻视。对于想在西点立足的学员来说，教官或高年级学员的任务一下达，只有一个选择，就是完成。你需要把痛苦、劳累、磨难都装在心里，把眼泪、委屈、愤怒也装在心里，化做力量，冲击任务，达到标准。只要冲过去，大家就会笑脸相迎，接纳你成为一名正式的学员团成员。冲不过去，不管有多少理由，流多少眼泪，西点都只能与你"拜拜"。

正是在西点，学员学会了几乎所有成功人士的共同特点——坚韧。没有任何东西能够代替坚韧的品质在成功之路上的地位。在西点人眼中，一个才智平平但是拥有坚韧品质的人远比一个聪明但是缺乏坚韧的人容易成功。

科尔曾经是一家报社的职员。他刚到报社当广告业务员时，对自己很有信心，他向经理提出不要薪水，只按广告费提取佣金。

于是，他列出一份名单，准备去拜访以前招揽不成功的客户。去拜访这些客户前，科尔把自己关在屋里，把名单上的客户念了10遍，然后对自己说："在本月之前，你们将向我购买广告版面。"

第一天,他和20个"不可能的"客户中的3个达成了交易;第一个星期的另外几天,他又成交了两笔交易;月底,20个客户中只剩一个没有买他的广告。

第二个月里,科尔没有去拜访新客户。每天早晨,那个拒绝买他广告的客户的商店一开门,他就进去请这个商人做广告,而这位商人都回答说:"不!"然而科尔坚持继续前去拜访。到那个月的最后一天,那个商人说:"你已经浪费了一个月的时间来请求我买你的广告。我现在想知道的是,你为何要坚持这样做。"

科尔说:"我并没浪费时间,我是在学习,而你就是我的老师,我一直在训练自己坚忍不拔的精神。"

那位商人点点头,对科尔说:"我也要向你承认,我也要向你学习,你已经教会了我坚持到底这一课,对我来说,这比金钱更有价值,为了向你表示我的感激,我要买你的一个广告版面,当作我付给你的学费。"

坚韧的品质是获得最终胜利的基石,没有坚韧,就没有最后的胜利。哪怕你有天赋、有金钱、有地位、有学识,只要你没有向着成功的目标前进的坚韧的品质,你一定不会获得什么成就,因为这天赋上的和最终结果的差别,往往就是坚忍不拔的品质起着关键作用的结果。

许多人有获得成功的资本却最终没有能够获得成功,这是为什么? 不是因为能力达不到,也不是因为没有对成功的渴望,根本的原因就是没有具备坚韧的品质。

一个拥有坚韧精神的人一定不会怀疑自己是否可以成功,也从来不惧怕失败,因为他们只有必胜的信心和坚韧的精神,只知道不断向前冲,不断向目标靠近。失败一次没什么,爬起来继续前进就行;失败了许多次也绝不气馁,因为再试一次就可能成功。

无论别人觉得你如何愚笨,无论你失败了多少次,只要你选择坚强,选择坚韧,选择不放弃,那么即便再失败一千次,我们还可以第一千零一次爬起来,再一次扑向成功的怀抱。

　　林肯年轻时就下决心成为有影响力的公众人物,并和朋友讨论他的计划。他告诉好友格瑞尼说:"我和伟人交谈过,我并不认为他们与其他人有什么区别。"为了坚持演讲练习,他经常走七八里路,参加辩论俱乐部的活动。他把这种训练叫作"实践辩论术"。

　　他找到校长蒙特·格雷厄姆,向他请教有关学习语法的建议。

　　格雷厄姆先生说:"如果你想要站在公众面前的话,你应当学习语法。"

　　但是,到哪里学习语法呢? 格雷厄姆先生说,附近只有一个地方可以学习,但在 6 英里之外。

　　这个年轻人立刻往那儿走去,借回了为数不多的科克汉姆语法书。在夜晚降临之前,他就沉浸在这本书中了。从那时候起一连几个星期,他把所有的休息时间都用来掌握这本书的内容。他经常叫他的朋友格瑞尼"拿着书",然后自己背诵书的内容。碰到疑难问题时,他就向格雷厄姆先生请教。

　　林肯的学习热情如此浓厚,引起了所有邻居的关注。格瑞尼借书给他看,校长记住了他,尽自己所能来帮助他,村里的制桶工人也允许他到店里拿走一些刨花,晚上看书时用来点火照明。不久,林肯就熟练掌握了英语语法。

　　林肯说:"我想学习所有那些被人们称为科学的新东西。"在这个过程中他还发现了另一件事——通过坚持不懈的努力,他能征服所有的目标。

　　只要拥有坚韧的品格,坚持不懈地努力,一个人就能征服所有的目标。

坚韧的品质帮助那些想要成功的人在无论面对什么样的困境时都不轻言放弃，不管环境怎样、情绪怎样、别人的看法怎样，都绝不气馁，心里只有想着要努力努力再努力，并最终因为这坚韧的品质而成为杰出的人物。

西点精神告诫着所有向前迈进的人：西点不相信眼泪！成功也不需要眼泪和抱怨，而需要付出和汗水！

对许多西点军校的学员来说，"兽营"和一年级的日子很不好过，因为这期间学员基本没有自主权，甚至没有人格，或者不允许学员有人格，特别是独立人格。能够忍受的，留下来，不能忍受的，请出去，绝对没有第三个选择。

带着万丈雄心走进西点大门的学员，很快就知道什么叫坚韧了。坚韧就是必须达到训练要求，没有任何通融，否则很快被无情地淘汰。因为军事活动是真刀真枪的活动，以生命相搏的时候，谁降低标准谁就失败，甚至死亡。同时，军事活动是充满困难的领域，不确定因素很多，比如，地形复杂、气候恶劣、对手强大、部队不精、装备较差等，它们时刻围绕着指挥官，没有坚强的意志力就顶不住，就可能垮下来。因此，西点不管外界怎样批评，在设置训练的难度和强度上丝毫不减。他们提出，在这些困难面前，格兰特过去了，潘兴过去了，麦克阿瑟过去了，布莱德雷过去了……你们也要过去。

18世纪瑞典化学家舍勒在化学领域作出了杰出的贡献，可是瑞典国王毫不知情。有一次在去欧洲的旅途中，国王才了解到自己的国家有这么一位优秀的科学家，于是国王决定授予舍勒一枚勋章。可是负责发奖的官员孤陋寡闻，又敷衍了事，竟然没有找到那位全欧洲知名的舍勒，把勋章发给了一个与舍勒同姓的人。

其实，舍勒就在瑞典一个小镇上当药剂师。他知道要给自己发一枚勋章，也知道发错了人后，只是付诸一笑，只当没有那么一回事，仍然埋头于化学研究之中。

舍勒在业余时间里用极其简陋的自制设置,首先发现了氧,还发现了氮、氨、氮化氢,以及几十种新元素和化合物。他从酒石中提取酒石酸,并根据实验写成两篇论文,送到斯德哥尔摩科学院。科学院竟以"格式不合格"为理由,拒绝发表他的论文。但是舍勒并不灰心,在他获得了大量研究成果以后,根据这个实验写成的著作终于与读者见面了。舍勒在 32 岁那年当选为瑞典科学院院士。

西奥多·凯勒博士说:"许多人缺乏一种持之以恒的、不达目的不罢休的态度,这一点非常令人遗憾。他们不乏冲动的热情,却缺乏维持这股热情应有的毅力,因此显得脆弱。只有当一切都一帆风顺的时候,才能开展有效的工作。但一旦遇到挫折就又垂头丧气、丧失信心。他们缺乏足够的独立性和创造力,总是重复着别人做过的事。"

你不是富兰克林,你不是林肯,你不是舍勒,你也可以不是西点的学员,但是只要你也有这种锲而不舍的坚韧精神,那么,成功很有可能已经在你的窗前了。

在我们的生活与事业中,许多人都拥有着获得成功的资本,但真正成功的并不多,更多的人只是仰望在高处的成功者,抱怨上帝没有给自己机遇。殊不知,机遇只降临在那些具备坚韧精神,为最终胜利孜孜不倦付出的人身上,而缺乏了这种精神的人,哪怕成功近在咫尺,也只会与成功失之交臂。

通过坚持不懈的努力,就能征服所有的目标。这就是成功的秘诀!

没有什么不可能

西点人相信这样一句格言：没有什么是绝对的，也没有什么是不可能的。

在西点，学员面对长官的问话可以回答"不知道"，但是对于命令只有绝对的服从与执行。学员执行任务只能回答"我一定做到""我能行"，最差的回答也就是"我执行""是"，绝对没有一个学员敢说"我不行"或"我办不到"，因为在西点人眼中，没有什么是不可能的。

在对圣彼得堡和莫斯科之间的铁路线进行初次勘测时，尼古拉斯意识到，那些对此次任务信心不足的官员，其原因多数是出于对自身利益的考虑而不是对技术问题的担心。于是，他决定快刀斩乱麻，以大刀阔斧的做法来解决这一复杂问题。当部长把铁路线勘察的地图摆在他的面前，试图解释铁路的铺设方案时，他拿出了一把尺子，在起点和终点之间画了一条直线，然后用不容辩驳的语气斩钉截铁地宣布："你们必须这样铺设铁路。"于是，路线就这样确定了。

"有可能通过那条路吗？"拿破仑向工程人员问道，他们是被派遣去探索圣伯纳德的那条可怕的小路的。"也许，"工程人员有些犹豫地回答，"还是有可能的。"

"那就前进。"下士说道，根本没有注意那些似乎难以逾越的困难。英国人和奥地利人对于翻越阿尔卑斯山的想法表现出嘲笑和不屑一提，那里"从没有车辆行驶，也根本不可能有"，更何况是一支6万人的部队，他们带着笨重的大炮、数十吨的炮弹和辎重，还有大量的军需品。但是饥寒交迫的麦瑟那正在热那亚处于包围之中，胜利的奥地利人聚集在尼斯城前，而拿破仑决不是那种在危难中将以前的伙伴弃之不顾的人，他除了前进别无他念。

在这个"不可能"的任务被完成后，有些人认为这早就能够做到，而其他人之所以没有做到，是因为他们拒绝面对这样的困难，固执地认为这些困难不可克服。许多指挥官都拥有必要的补给、工具和强壮的士兵，但他们却缺少拿破仑那样的勇气和决心。拿破仑从不在困难面前退缩，而是不断进取，创造并抓住胜利的机会。

一个想获得成功的人眼中应该只有目标，而没有失败或是"不可能"之类的借口。被困难吓倒，自己都认为无望的人，是不可能拥有成功的。

如果尼古拉斯也顾虑重重，信心不足，那圣彼得堡与莫斯科之间的铁路就不可能建成；如果拿破仑一开始就被高山吓倒，认为通过那条路是不可能的，那就没有了之后的故事……一切的奇迹都是建立在自身的信心之上的，如果自己都不相信能够完成，那就根本不会尝试，也不会在艰难中继续前行。

汽车大王亨利·福特，被誉为"把美国带到轮子上的人"。一次，他想制造一种V8型的发动机。当他把这个想法跟工程师交流时，工程师都认为只能在图纸上设计，但绝对不可能在现实中制造出来。尽管如此，福特仍然坚持说："想办法制造出来。"

工程师们很不情愿地开始了尝试，几个月后，他们给福特的回答是："我们无能为力。"

但福特还是说："继续尝试！"

一年多过去了，还是没有结果。所有的工程师都觉得无论如何应该放弃了。但福特仍然坚持"必须做出来"。

就在这时，有一位工程师突发灵感竟然找到了解决办法。

福特终于制造出了"绝不可能"成功的 V8 型发动机。

为何工程师们认为"绝不可能"的问题，最后还是在福特的"逼迫"之下解决了呢？

关键的一点，就是先把"不可能"的戒律放一边，而只想我自己是否完全尽力，是否想尽了一切办法、穷尽了一切可能。

20 世纪 50 年代初，美国某军事科研部门着手研制一种高频放大管。科技人员都被高频率放大能不能使用玻璃管的问题难住了，研制工作因而迟迟没有进展。后来，由发明家贝利负责的研制小组承担了这一任务。上级主管部门在给贝利小组布置这一任务时，鉴于以往的研制情况，同时还下达了一个指示：不许查阅有关书籍。

经过贝利小组的共同努力，终于制成了一种高达 1 000 个计算单位的高频放大管。在完成了任务以后，研制小组的科技人员都想弄明白，为什么上级要下达不准查书的指示？

于是他们查阅了有关书籍，结果让他们大吃一惊，原来书上明明白白地写着：如果采用玻璃管，高频放大的极限频率是 25 个计算单位。"25"与"1 000"，这个差距有多大！

后来，贝利对此发表感想说："如果我们当时查了书，一定会对研制这样的高频放大管产生怀疑，就会没有信心去研制了。"

人很容易向定论屈服。而不被定论所左右，往往就会超越定论。

为什么别人都认为不可能的事情，最终都成了现实呢？关键的一点，就是抛弃了"不可能"的念头，只想着如何解决问题，想着如何全力以赴，穷尽所有的努力。

西点不需要那些"不可能"或是"我办不到"之类的话，一个想要成功的人也不需要。把这些借口永远丢掉，因为正如拿破仑说的"不可能是傻瓜才用的词"！

凯瑟琳·格雷厄姆是华尔街大亨之女，是华盛顿最有权力的经纪人。自1933年她的父亲买下《华盛顿邮报》起，她几乎可以说是在20世纪政治上最有影响力的家庭之一长大的。

1963年，凯瑟琳挑起办报的重任，尽管困难重重，她仍然坚持出版《五角大楼文献》，并且使得水门事件曝光，最终导致尼克松总统辞职。

凯瑟琳后来是一位美国畅销书作家，并且曾经是国会女主人，她的一生可谓绚烂多姿。

凯瑟琳在自传《个人历史》中，曾经提及年轻人应该如何坚持不懈地努力，直到到达成功的彼岸。

爬山会使人筋疲力竭，但有意思的是，人们可以体会到凭借"呼吸恢复"（即在持续的体力消耗中，从最初的精疲力竭，恢复到呼吸相对轻松的状态）能继续走多远。

每个人都可以从"呼吸恢复"的原理中获得重要的启示，这不仅仅适用于体力劳动，也同样适用于脑力劳动。

许多人在即将度过一生的时候，还从未发现拼搏的真正意义，不知道什么叫作"呼吸恢复"的原理。

不管从事脑力劳动还是体力劳动，大多数人在第一次感到筋疲力竭时就会放弃努力，这样，他们就永远体会不到不折不扣的拼搏所带来的豪情与振奋。

如果我们总是在最困难的时刻放弃，我们就永远不可能知道，原来筋疲力竭之后，我们还会恢复呼吸，获得另外一片天空。

在面对更多困难和挑战的时候,我们不是输给了困难本身,而是输给了自身对困难的畏惧。不要被困难吓倒,用平常心来对待,往往能把问题解决得更好。

西点有句格言:永远没有失败,只是暂时停止成功。在任何时候,我们都要相信:没有什么是不可能的。这样的信念将激励着你继续前进,激励着你在最困难的时候依然不放弃,激励着你在冲破逆境的阴霾之后能获得另一片灿烂的天空。

美国第 34 届总统、西点军校名将:艾森豪威尔

Chapter 4

勇　气

勇敢者的游戏

西点军校有一句名言:"合理的要求是训练,不合理的要求是磨炼。"西点的学员在校期间会受到许多严苛的考验,你只能选择接受或是离开,没有逃避让你选择。

无论是怎样严苛的训练或是磨炼,在西点人眼里都是"勇敢者的游戏",只有凭借勇气才能克服这些考验。在西点,各项训练是艰苦的,如果你不能忍受而选择逃避或是放弃,你就是一个逃兵,一个胆小鬼,那你就必须选择离开,西点需要勇者和荣誉,不需要逃兵!

在培养勇气方面,西点有它独特的方法。教官知道有一种理性的克服学员恐惧的方法,教官会故意加重学员的焦虑,没有恐惧,勇气是培养不出来的,西点是拒绝逃兵的。

美国总统艾森豪威尔小时候有过这样一段经历:

5岁的时候,有一次去叔叔家玩。叔叔的房子后面养了一对大鹅,结果公鹅一见他就一边怪叫着一边向他扑来。他哪儿受得了这种恐吓!于是他拼命跑开,向大人哭诉。

受了几次惊吓后,叔叔找了个旧扫帚交给他,然后指着大鹅对他说:"你一定能战胜它!"

当鹅再次向他冲来时,他手里拿着扫帚,浑身不住地颤抖。猛然间,他鼓足勇气大吼一声,挥起扫帚向鹅冲去。鹅掉头便跑,他紧追不舍,最后狠狠地给了鹅一下,鹅惨叫着逃跑了。从那以后,那只鹅只要

一见他,就会远远地躲开。

从此,他懂得了一个道理:只要勇敢迎战,就能战胜对手。

有一段时间,他每天放学回家的时候,都被一个与他年龄相仿、粗壮好斗的男孩追赶。一天,这一幕正好被他父亲看见,于是冲他大喊:"你干嘛容忍那小子追得你满街跑? 去把那小子给我赶走!"

于是,他不得不停下来,面对自己很怕的对手。他开始猛烈地反击,这一招立刻把对手吓住了,对手慌忙夺路而逃。艾森豪威尔顿时勇气大增,一把将对手抓住,颜厉正色地警告他:"如果你再敢找我的麻烦,我就每天打你一顿。"

通过这件事,他进一步悟出一个道理:别看有些人耀武扬威,其实不过是外强中干,唬人而已。

一天,德怀特·艾森豪威尔正在小花园内玩耍,看见平时骄横无礼,经常无缘无故地欺负其他小玩伴的汤姆跑到花圃里又蹦又跳,把娇嫩的花朵踩在脚下的泥土里,鲜艳的花瓣被碾得一塌糊涂。艾森豪威尔心疼极了,就冲着汤姆喊:"嘿,汤姆,出来! 花儿都被你弄疼了!"

汤姆正跳得高兴呢,突然听见有人冲他大喊大叫,非常不乐意地扭过头去,一看,这不是那个刚来的土小子吗? 正好给他点颜色看看。汤姆坏笑着出来,伸出沾满泥巴的小手,趁艾森豪威尔没有防备,猛地就是一拳。艾森豪威尔顿时眼前直冒金星,鼻子一酸,眼泪掉了下来。这时,不知从哪儿钻出一伙儿调皮的小男孩来,一起拍手起哄道:"噢……土小子挨打了——土小子挨打了——"

艾森豪威尔又羞又急,不知所措,坐在地上嚎啕大哭起来。哭得有点累了,想起了妈妈,便呜呜地跑回家告状去了,那一群小男孩在后面追逐着,嘲笑着。

艾森豪威尔的母亲正在准备晚饭,看见艾森豪威尔身上沾满了泥巴,脸上青一块紫一块的,哭着回来了,深感奇怪。了解了情况后,母亲轻轻擦掉儿子脸上的泥巴和泪水，温柔而冷静地对他说："看，我们家里从来没有胆小鬼。不要被他吓倒，下回他再打你，你就尽管回揍他——就像他揍你那样。"说罢，母亲做了一个回击的手势。

"可是……要是我和他打起来，不论是赢是输，爸爸都会用木板抽我！"艾森豪威尔一边抚摸着红肿之处，一边心有余悸地说。

母亲意味深长地看了艾森豪威尔一眼，说："把你上次救哥哥的勇气拿出来吧！"

就这样，小小的艾森豪威尔抹了一把鼻涕眼泪，捏紧了拳头，跌跌撞撞地冲出门去了。看见艾森豪威尔重返"战场"，那群顽皮的小男孩和那个老爱挥拳头的汤姆又疯狂地冲了上来，把艾森豪威尔团团围住，企图再次欺侮他。艾森豪威尔挥起小拳头，冲着汤姆的脸部猛击一拳，汤姆"哎呀"一声，一个筋斗翻倒在地。

男孩子们的笑容凝结了，个个惊恐万状地张大了嘴巴，半天说不出一句话来。他们万万没有想到，这个刚来的乡巴佬似的小男孩居然敢出手打远近闻名的"小霸王"！

艾森豪威尔带着复仇的快感，涨红着脸，一口气奔回家，骄傲地向母亲宣布说："从今以后，我再也不怕小霸王了！我再也不怕汤姆了！"

自此，再也没有哪个小孩敢动艾森豪威尔一根指头。

艾森豪威尔的母亲以她独特的教育方法，使艾森豪威尔养成了坚韧、要强的性格，使得他从小就敢于迎接各种挑战，做一个勇敢的强者。

固然打架的行为并不可取，但怯懦逃避缺乏直面问题的勇气则更不可取。解决问题的方式值得进一步探讨，但是通过事件所培养的勇气却绝对是正面的，艾森豪威尔正是凭借小时候培养的勇气成为有勇有谋的一代名将。而有着"战神"之称的美国名将乔治·巴顿，也是从

小就恪守着家族的信条:"勇敢战斗!千万不能辱没家族的荣誉!"

对于一名军人来说,勇气意味着一切,没有勇气就没有坚持,没有尽职尽责,没有胜利,没有荣誉,也就没有了一切。

西点智能发展方针有三个目标,第一个是:"高水平的智能、精神承受力和果断性,带有理性的勇气和正直、责任心和主动性。"

麦克阿瑟的司令部虽然设在隧道里,但他却习惯在地面上办公,经常冒着遭空袭的危险。每次空袭警报一响,大家都奔向一英里远的隧道,而麦克阿瑟不是稳坐在办公室,就是跑到外面去看个究竟。

有一次,他正在办公室,日军飞机又来空袭,子弹穿过窗户打在麦克阿瑟身边的墙上。他的副官惊慌地冲了进来,发现他仍镇定自若地在工作,好像什么事也没发生一样。看到副官进来,他从办公桌上抬起头来问:"什么事?"

副官惊魂未定地说:"谢天谢地,将军,我以为你已被打死了。"

他回答道:"还没有,谢谢你进来。"

在另一次空袭中,他从隧道里跑出来,毫不畏惧地站在露天下,观察日军飞机的空中编队,数着飞机的数量。他的值班中士摘下头上的钢盔给他戴上,这时一块弹片正好打在这位中士拿着钢盔的手上。时任菲律宾总统奎松得知此事后,立即给麦克阿瑟写了一封信,提醒他要对两国政府、人民及军队负责,不要冒不必要的危险,以免遭到不幸。但麦克阿瑟把他的这种举动看作是自己的职责,认为在这样的时刻,让士兵们看到他同他们在一起会高兴的。

麦克阿瑟就是这样的冷静,具有非凡的勇气,即便在面临敌人的炮火时也毫不退缩。麦克阿瑟可以说是西点"勇敢"的一个代表,完美地体现了"假如你选择了军队,就不要害怕牺牲;假如你选择了天空,就不要渴望风和日丽"的精神。

西点尊敬勇者,西点崇尚勇敢精神,西点学员必须明白只有勇敢精神才能让平凡的自己做出惊人的事业。在"勇敢者的游戏"中,想要胜利就不能退缩,只能前进。

歌德曾经说过:"你若失去了财产——你只失去了一丁点;你若失去了荣誉——你就丢掉了很多;你若失掉了勇敢,你就把一切都失掉了。"

"勇敢"是一个想获得成功的人必不可少的品质。蒙哥马利在他的回忆录中这样说:"要取得成就有很多必要条件,其中两条非常重要,那就是苦干和正直。现在得再加上一条:勇气。"

不要让恐惧压倒你,不要让风险困扰你,勇敢前进就能达到成功的目标。

西点军校毕业典礼

战胜逆境

在人生之路上，没有谁是一帆风顺，不经历任何的低潮和困境的，也没有谁是永远失败的。西点人都明白这样的道理，所以西点学员不会因为暂时的逆境而放弃拼搏，他们坚信：只要继续努力，就一定能战胜逆境，迎接人生的新高峰。

1943年，美国的《黑人文摘》创刊时，前景并不被看好。它的创办人约翰逊为了扩大杂志的发行量，积极地做一些宣传。

他决定组织撰写一系列"假如我是黑人"的文章，请白人把自己放在黑人的地位上，严肃地看待这个问题。他想，如果能请罗斯福总统夫人埃莉诺来写这样一篇文章就最好不过了。于是约翰逊便给她写去了一封非常诚恳的信。

罗斯福夫人回信说，她太忙，没时间写。但是约翰逊并没有因此而气馁，他又给她写去了一封信，但她回信还是说太忙。以后，每隔半个月，约翰逊就会准时给罗斯福夫人写去一封信，言辞也愈加恳切。

不久，罗斯福夫人因公事来到约翰逊所在的芝加哥市，并准备在该市逗留两日。约翰逊得此消息，喜出望外，立即给总统夫人发了一份电报，恳请她趁在芝加哥逗留的时间里，给《黑人文摘》写那样一篇文章。

罗斯福夫人收到电报后，没有再拒绝。她觉得，无论多忙，她再也不能说"不"了。

这个消息一传出去,全国都知道了。直接的结果是:《黑人文摘》杂志在一个月内,发行量由 2 万份增加到 15 万份。后来,他又出版了黑人系列杂志,并开始经营书籍出版、广播电台、妇女化妆品等事业,终于成为闻名全球的富豪。

通往成功的道路从来就不会是一条风和日丽的坦途,相反,西点人认为只有经历过逆境并且克服了它,才是真正获得了成功。轻而易举获得的成就不会长久,经历过逆境,才是一个勇敢者最好的勋章。

西点人从不把逆境看成是一种苦难,所以西点人能够在无论多么艰难的情况下依然坚持下去,并且最终完成任务。若要问他们,逆境是什么? 西点人将毫不犹豫地告诉你:逆境只是一种环境,只是人们奋斗中的反向作用力,只是为了让你的成功果实品尝起来更加甜美的催化剂。

当面对窘迫的环境、各种人为和自然的阻碍以及时代和社会的巨变甚至其他的灾难时,西点人不会灰心丧气,相反把这种反向作用力化解为动力,让它激发出学员前所未有的勇气,积极开动脑筋利用自身资源,扫除一切障碍达到目标。

1809 年 2 月 12 日,林肯出生于肯塔基州荒凉的开拓地的一间木屋里,他的父亲是个贫穷的伐木工人。在林肯 7 岁那年,他跟随家人跋涉在荒草蔓延、尸骨横陈的小路上,来到了印第安纳州。

他的童年,用他自己的话说,是"一部贫穷的简明编年史"。像所有的移民孩子一样,他小时候什么活都干,练就了强壮的体魄和坚韧的毅力。与众不同的是,他出门干活总要带本书。他接受正规教育的机会少得可怜,据他自己回忆,"全部上学时间加起来还不到一年",学问都是"随手拣来的"。22 岁时他来到伊利诺伊州新塞勒姆,在杂货店当店员。他刻苦攻读语法、数学与法律,获得了律师资格,又先后当选

为伊利诺伊州议员、联邦参议员，最终出任美国总统。

本杰明·富兰克林出身贫贱，他的父亲移民美国后，惨淡地经营着染色剂生意和皂烛生意，收入微薄得连孩子的学费也难以负担。小富兰克林只上过两年学。辍学后，他帮父亲制作肥皂和蜡烛、照管店铺、打杂跑腿，父亲也曾为他物色更有前途的职业，但是在这位工匠眼里，孩子能做的无非木匠活、泥瓦匠活、铜匠活……当他发现小富兰克林特别喜欢读书时，就把他送到印刷所里当学徒工，富兰克林从这里起步，熟练地掌握了印刷技术，开办了自己的印刷所，办报纸、从事出版业，后来又进行科学研究，进入政界，获得了财富和地位。

许多人把贫穷当成一种苦难，而西点学员并不这么认为。在西点，所有人都过着勤俭的生活，这里没有奢华的消费，没有华丽的服饰，伴随西点人的只有严苛的纪律、军规和西点人的荣誉。

在西点，无论你来自怎样的家庭，拥有多少财富，每个学员都是相同的，唯一的称号就是：西点人！所有的人都会自豪地告诉你，在西点人面前，没有逆境、没有失败，更不会被贫穷打倒。

贫穷是一种困难，但是它同样磨炼人们的意志。贫困是可以打破的，它可以成为人们奋斗的开始。有很多人想要摆脱贫困，但是不肯付出努力。如果一个人不愿付出努力去战胜这样的逆境，而听天由命，那是永远摆脱不了贫困的，只能永远在逆境中挣扎。

要摆脱逆境，唯有奋斗！唯有奋斗，才能开创出自己的新天地！

美国最著名的企业家之一，查尔斯·齐瓦勃，童年时代家境非常困难，一贫如洗，他只受过很短时间的学校教育。从 15 岁开始，他在宾夕法尼亚州的一个山村里做马夫，两年之后，他获得了另外一个工作机会，周薪 2.5 美元，但他仍然时时刻刻留心着新的工作机会。果然他又得到了一个机会,他应某位工程师之邀去安德普·卡耐基钢铁公司的建筑工场工作,周薪由原来的 2.5 美元变为了 7 美元。做了一段时间后,他升任技师,接着一步步升到总工程师的职位。25 岁时,他晋升为那家房屋建筑公司的经理。五年之后,齐瓦勃开始出任卡耐基钢铁公司的总经理。到 39 岁时,齐瓦勃接过了全美钢铁公司的权柄。

在《启示录》中我们读到过这样的话:"勇于克服困难的人,我邀请他与我共享荣耀。"而在西点,同样有这样的认知:唯有那些能战胜逆境,从逆境中奋起的人才能走向成功,才能得享成功的荣耀。

没有经历过苦难的生命是不完整的。苦难能成全人生。当你身处逆境,几近绝望的时候,你要相信:困难是不可避免的,成功的"康庄大道"只是一个神话,相反逆境是我们通向成功所必须经过的考验和磨炼,我们只要经历并克服了它们,就能进入一片新天地。

伦敦的《泰晤士报》当时仅是一家无足轻重的报纸,由约翰·沃尔特创办经营,连年赔钱。当时小约翰·沃尔特只有 27 岁,他请求父亲让他全面掌管这份报纸。尽管顾虑重重,父亲还是答应了。

这位年轻的编辑开始重新调整报纸的模式,引进了新的办报理念。当时,这家报纸从来没有尝试引导公众舆论,没有自己的特色,甚至没有个性。这位大胆的年轻编辑接手后便大刀阔斧地向一切谬误开战,即使是政府的腐败行为,也公然进行批评。过去的公众风俗、印刷信息和政府公告等栏目一律取消。为此,父亲特别沮丧。他坚信,他的儿子不仅会毁了报纸,也会毁了他自己。但没有什么意见能使小约翰·沃尔特改变方向,他要给世界提供一份有分量、有特色、有独立性的报纸。结果,新的生命、新的血液和新的理念注入了这份本不显眼的报纸。

一个有思想、有干劲、有毅力的人在为《泰晤士报》掌舵,在大家无

法找到出路时,他开创出了一条路来。在那些新增栏目中,外国的消息被介绍进来。这些消息在以政府机关发布的公告形式出现前的几天,总是先在《泰晤士报》上出现。其他对政府不利的外国文章也率先被介绍了进来。

这位富有攻击性的编辑却惹恼了政府,他的所有外国邮件在国外就被截留,甚至政府只允许官方记者对国外信息进行报道。可是,没有什么能让这位年轻人的坚定精神有一丝的减退。他以高额的费用,雇了一个专门的邮递员。所有横在他前进道路上的障碍,一切来自政府的阻挠,都使他更加坚决地走向成功。在《泰晤士报》的面前,潜藏着进取的干劲和顽强的精神,没有什么能阻挡它的发展。而最终它也的确成了一份在世界上都有分量的报纸。

从逆境中奋起,靠你坚定的意志和决心,穿越一切障碍和困境,不断斗争拼搏,不因为疲倦和失败停止前进的脚步,这样你就能征服一切,从许多人中脱颖而出,最终获得成功的奖赏。

爱默生说过:"浅薄的人相信运气,相信环境。他们天真地认为,由于某人正巧出生在这个家庭、叫这个名字或是碰巧在某个时候、某个地方,才会发生那样奇妙的事,如果换了一天,那就是另外一种情景了。而坚强的人相信因果。所有的成功人士在这点上都是一致的。他们相信事物的运行有自身的规律,但并不是靠运气;在最初和最终的事件之间,往往存在着密切、必然的联系。"

逆境只是我们通过成功大门的一块敲门砖。无论在哪种环境下,要想获得成功,困难、窘迫和痛苦就总是存在的。沿着平坦的大路走下去,你永远也看不到尽头,只能花一生的时间不停地走,最终碌碌一生;而如果你选择了那条布满荆棘,充满了困难的道路,那你就要坚定不移地走下去,只有这样才能最后得到上帝给我们的犒赏。

克 服 恐 惧

著名的巴顿从步入军界起,就把杰克逊的一句名言作为自己的基本格言:"不让恐惧左右自己。"

恐惧使我们畏惧不前,以为梦想永远无法实现;恐惧使我们困于现状,浅尝辄止,不敢冒险,安于目前平庸的生活;恐惧使我们沉默不语,与亲爱的人渐行渐远。

在美国的西点军校里流行有这样一句话:假如你选择了天空,就不要渴望风和日丽。西点人爱冒险,而冒险的首要前提就是必须克服内心的恐惧。西点人深知恐惧是获得胜利的最大障碍,一个面对困难或风险畏缩不前、怕这怕那的人是不敢渴望胜利和荣誉的。西点需要的是通过胜利和荣誉证明自己的勇气,而非畏首畏尾的懦夫。

1914年4月,美国总统伍德罗·威尔逊以墨西哥当局扣留美国水兵为借口,出兵攻占墨西哥东海岸最大城市韦拉克鲁斯。

在这次行动中,麦克阿瑟父亲的老部下芬斯顿将军指挥一个旅的兵力执行占领任务,麦克阿瑟本人则受命作为参谋部成员随芬斯顿将军于5月1日到韦拉克鲁斯搜集情报。麦克阿瑟发现,那里缺少机械化交通工具,要是陆军开过来,将完全依赖畜力运输。当他听说有几台铁路机车被藏在敌方防线后面时,便准备深入敌后进行侦察。但芬斯顿认为这样做太冒险而不予支持。麦克阿瑟于是决定独自行动,来个孤胆探险。他找来两个向导,偷偷越过防线去查看虚实。结果发现

那里确有 5 台机车，其中 3 台完好无损，陆军可以使用。在归途中，他遭到对方的偷袭和追击，军装被打穿了好几个洞。经过几次交火之后，他击毙了对方的几名士兵，安全返回营地。

巴顿将军说过："每个人都害怕，越是聪明的人，越是害怕。勇敢的人是这样一些人，他们不顾害怕，强迫自己坚持去做。"

麦克阿瑟将军就是这样一个勇士，他凭借自己的勇气和判断，深入敌后，为己方获得了重要的情报。当部队缺乏情报的时候，麦克阿瑟甘愿只身犯险；当遇到追兵的时候，麦克阿瑟冷静面对。每个人遇到这样的情况都会害怕，都想过选择退缩来以策安全，但是勇士与懦夫的区别就在于：懦夫选择逃避，而勇士战胜内心的恐惧，强迫自己面对恐惧。

富兰克林·罗斯福在他的首任总统就职演说中也曾经说："让我首先表明我的坚定信念：我们唯一不得不害怕的东西就是害怕本身——一种莫名的、丧失理智的、毫无根据的恐惧，它会把转退为进所需要的种种努力化为泡影。"

在美国内战时，有一位 17 岁的叫丽达的女孩。一天，为了接回她那受伤的弟弟，她上了开往丹尼尔森城堡的莫尼斯号轮船。

在轮船开出的前 5 分钟，有人宣布莫尼斯号将和其他几艘船一起沿着密西西比河而上，带着一个兵团去增援密苏里州哥拉斯哥穆里干少尉。

夜里 10 点半，轮船到达哥拉斯哥。战士们登陆后，留下一个连在船上做守卫工作。在登陆过程中，部队遭到了南方联盟军的攻击，被迫向河岸撤退。许多人牺牲了，更多的人受了重伤。

战斗让船上的妇女心中充满了恐惧，一些人当场昏厥。但丽达小姐迅速勇敢地从跳板上冲进纷飞的战火中。

　　她用右臂挽着伤员,把伤员扶上担架,然后送进船舱。尽管子弹十分的密集,非常猛烈,船上别的人都叫她不要那样做,她却22次冲上岸去,每一次背回一个伤员。在船离开停泊的地方后,丽达小姐就帮助外科医生,并教她身边的妇女撕扯一切可以给伤员当绷带用的布条。整整一夜,她没有睡觉,一直都在为伤员服务。

　　由于物资配送的路线被切断,造成了供应短缺。这位年轻的小姐几乎连最基本的生存需要都不能满足,却把自己仅有的一块饼分给了别人。

　　第二天早上,战斗结束了,原来撤退并躲避到2英里外的轮船返回去接收残余的尸体和伤员。那里出现了这样的场景:26个印第安军团的战士整齐地列队站在岸边,军官们迎候在船头,穆里干少尉把这位勇敢的姑娘扶上一匹漂亮的白马,战士们为这位勇敢的战斗英雄热烈欢呼。

　　这个叫丽达的小女孩不害怕死亡吗? 不,她同其他人一样恐惧,但是她的勇气和责任让她克服了内心的恐惧,一次次地在枪林弹雨中救回伤员。

　　你若失去了勇敢,你就失去了一切。西点强调:每个人在面对危险的时候都会恐惧,恐惧并不可耻,但是所有的西点学员都应该学会克服自己内心的恐惧,做一个直面恐惧、敢于冒险的合格军人。

　　在日常训练中,西点经常为学员安排各种克服恐惧的训练。学员必须勇敢地面对危险,要训练自己在重大关头能处理恐慌,克服恐惧。

　　拿破仑发动一场战役只需要两周的准备时间,换成别人那会需要一年。这中间所以会有这样的差别,正是因为他那无与伦比的热情与胆量。战败的奥地利人目瞪口呆之余,也不得不称赞这些跨越了阿尔卑斯山的对手:"他们不是人,是会飞行的动物。"

拿破仑在第一次远征意大利的行动中，只用了 15 天时间就打了 6 场胜仗，缴获了 21 面军旗，55 门大炮，俘虏 15 000 人，并占领了皮德蒙德。

在拿破仑这次辉煌的胜利之后，一位奥地利将领愤愤地说："这个年轻的指挥官对战争艺术简直一窍不通，用兵完全不合兵法，他什么都做得出来。"但拿破仑的士兵也正是以这么一种根本不知道失败为何物的热情跟随着他们的长官，从一个胜利走向另一个胜利。

我们敬佩拿破仑，但我们更应该赞美拿破仑手下那些具有无比热情的士兵，他们才是最伟大的人。

"没有冒险，文明就会充满腐败。"达尔文也把一生中从未做出过大胆尝试的人称为愚蠢的人。

无论在战场上亦或是在企业中，只有直面困难，敢于冒险才能带来胜利和收益。

在现实生活中，敢于冒险也是成就一番大事业的必备条件。敢于想，敢于做，才会有机会成功。人们总是不惜代价逃离这些恐惧源，而多少次只是因为我们太过于恐惧，造成与机会擦肩而过。

对于害怕危险的人来说，这个世界上总是存在着危险的。如果某个农夫，种麦子担心不下雨，种棉花又害怕虫害，到头来觉得什么事情都充满了风险；那么这个农夫无疑是愚蠢的，害怕风险，害怕损失，最后什么也没有种，自然也就没有收获，这才是最大的损失！

要敢于冒风险，不冒风险也就意味着你在逃避。这个世界上风险无处不在，无时不有，没有绝对安全的事情。

艾森豪威尔将军说："软弱就会一事无成，我们必须拥有强大的实力。"无论是西点的学员，或是一个普通人，都应该学会克服恐惧，克服了恐惧就等于战胜了自己最大的敌人，那离超越自我，走向成功也就不远了。

Chapter 5

热　　忱

总 在 最 前 面

  美国前总统尼克松曾经说:"年轻人常常问我,若要成功地踏上仕途,需具备哪些条件? 一听到这个问题,人们立即会想到聪明才智、反应灵敏、个人品德及对一项伟大事业具备的信念等。然而,具备这些品质的人很多,而具备为获得政治上的成功所不可缺少的品质,即为取得重大成就甘冒一切风险的品质的人却很少。你绝不应该害怕失去什么。我的意思不是要你去鲁莽从事,但你必须'敢'字当头。"

  "敢"即勇敢,就是在面临危险的时候临危不惧,就是客观评估风险之后果断行动,就是在困难面前绝不后退,就是在狂风暴雨里始终走在最前面。

  西点尊敬勇者,西点崇尚勇敢精神,没有了勇敢那势必就是一个战场上的逃兵,生活中的失败者。西点学员必须明白只有勇敢精神让平凡的自己做出惊人的事业,西点军人必须总在最前面。

  "总在最前面"是一种积极的态度,是一种敢为天下先的勇气。当胆小鬼掉头逃跑的时候,勇敢者选择的却是越危险越向前。

  内战爆发的第二年,17岁的阿瑟即想从军为国效力。他的父亲先是写信给林肯,请求把他的儿子送进西点军校,但总统回答,军校现在满编,没有空缺。于是,在这一年的8月,阿瑟的父亲便把立志从军的儿子送到新组建的威斯康星州第24步兵团当副官,受领中

尉军衔。这位最初不太受欢迎的被称作"娃娃副官"的阿瑟中尉，由于在作战中所表现出的英勇无畏精神，很快便受到上司的赏识和部属的敬佩。

在1863年11月25日的查塔努加之战中，阿瑟所在的团奉命向一座陡峭的高地发起冲锋，因受到猛烈的火力压制而溃退下来。正在部队进退维谷之际，阿瑟带领3名掌旗兵突然出现在山坡上，一步步向前挺进。第一个士兵倒下了。第二个、第三个士兵也倒下了。这时，阿瑟毫不畏惧地从倒下的士兵手中接过军旗继续前进，冲到了队伍的最前方，并高声呐喊："冲啊！威斯康星！"部队如大梦初醒，怒吼着冲了上来。高地终于夺下来了，而阿瑟却精疲力竭地倒在地上，烟尘满面，血染征衣。战斗结束后，骑兵司令谢里登奔上山顶，一把抱起这位年轻的副官，哽咽着对身旁的士兵说："要好好照顾他，他的实际行动真正无愧于任何荣誉勋章。"

查塔努加之战为谢尔曼将军南下横扫佐治亚州铺平了道路。阿瑟也因在这次战斗中的突出表现而获得国家最高奖赏——国会荣誉勋章。他成了团里的英雄，在一年之内连续得到晋升，成为北军中最年轻的团长和上校。此时，他年仅19岁，从"娃娃副官"变成了"娃娃上校"。

这位勇敢的"娃娃上校"就是美国内战的著名将领，著名的道格拉斯·麦克阿瑟将军的父亲——阿瑟·麦克阿瑟。

在危险的时候总在最前面，是一个军人的责任，一名合格的军人绝对不会逃避自己的责任。

有着"战神"之称的美国名将乔治·巴顿，从小就恪守着家族的信条："勇敢战斗！千万不能辱没家族的荣誉！"

而对于一个企业或是一个想要获得成功的人来说，总在最前面也就意味着必须拥有敏锐的眼光，有客观的判断，有承担风险的能力。

走在最前面意味着最容易捕捉到先机，同等的条件下，走在最前面的总是最容易获得成功和利益。

1921年6月2日，无线电通信诞生整整25周年。美国《纽约时报》对这一历史性的发明，发表了一篇简短的评论，其中有这样一句话：现在人们每年接收的信息是25年前的25倍。

对这一消息，当时在美国至少有16个人作出了敏锐的反应，那就是创办一份文摘性刊物。在不同的三个月时间里，有16位有先见之明的人士，不约而同地到银行存了500美元的法定资本金，并领取了执照。然而当他们到邮政部门办理有关发行手续时，却被告知，该类刊物的征订和发行暂时不能代理。如需代理，至少要等到第二年的中期选举以后。

得到这一答复，其中15人为了免交执业税，向新闻出版管理部门递交了暂缓执业的申请。只有一位叫德威特·华莱士的年轻人没有理睬这一套。他回到暂住地，纽约的格林威治村的一个储藏室，和他的未婚妻一起糊了2 000个信封，装上征订单寄了出去。

在世界邮政史上，这2 000个信函也许根本不算什么，然而，对世界出版史而言，一个奇迹却诞生了。到20世纪末，这两位年轻人创办的这份文摘刊物——《读者文摘》，已拥有19种文字48个版本，发行范围达127个国家和地区，订户1.1亿万，年收入5亿美元。在美国百强期刊排行榜上，几十年来一直位居第一。德威特·华莱士夫妇也一跃成为美国著名的富豪和慈善家。

世界上似乎存在着这样一条公理：成功者决不等待时机成熟。

等待时机成熟也就意味着失掉先机，失去了最容易获得成功的机会。当你觉得没有任何风险而决定去从事某项事业的时候，你已经失去了最佳的时间。当你跟着别人的脚步时，你所获得的成功也就无法

超越他人了。

世界上聪明的人很多，而成功者却很少，很多聪明人在已经具备可以成功的基本条件时，仍在等待更多的条件，从而失去了机会。

抓住每一个机遇，利用自身所拥有的每一点优势，立即投身进去，从而成长起来。

西点军校毕业典礼列队

热　　情

热情，是一种高度积极自觉的状态，它能把人身上每一个细胞都调动起来为了目标而工作。一个人若是没有热情，他将一事无成，而当他有无限热情时，任何的困难都会被热情溶化，他就可以成就任何事情。

西点军校把信念比作生命航船的舵，而热情则是促使船全力前行的帆。在校期间，学员被一再强调热情对于一个军人的重要性：一旦失去了热情，就等于失去了作战的勇气。

西点的学员认为，对军队、对职责的热情促使他们在战场上克敌制胜，而一旦缺乏热情，就等于失去了信心，那结果就只能是失败。

休斯·查姆斯在担任"国家收银机公司"销售经理期间曾面临着一种最为尴尬的情况：该公司的财政发生了困难。这件事被在外头负责推销的销售人员知道了，并因此失去了工作的热忱，销售量开始下跌。到后来，情况更为严重，销售部门不得不召集全体销售员开了一次大会，全美各地的销售员皆被召回参加这次会议。查姆斯先生主持了这次会议。

首先，他请手下最佳的几位销售员站起来，要他们说明销售量为何会下跌。这些被唤到名字的销售员一一站起来，每个人都向大家倾诉了一段令人震惊的悲惨故事：商业不景气，资金缺少，人们都希望等到总统大选揭晓以后再买东西，等等。

当第五个销售员开始列举使他无法完成销售配额的种种困难时，查姆斯先生突然跳到一张桌子上，高举双手，要求大家肃静。然后，他说道："停止，我命令大会暂停10分钟，让我把我的皮鞋擦亮。"

然后，他命令坐在附近的一名黑人小工友把他的皮革擦亮，在场的销售员都惊呆了。他们有些人以为查姆斯先生发疯了，人们开始窃窃私语。这时，那位黑人小工友擦亮他的第一只鞋子后又擦另一只鞋子，他不慌不忙地擦着，表现出一流的擦鞋技巧。

皮鞋擦亮之后，查姆斯先生给了小工友一毛钱，然后发表他的演说。

他说："我希望你们每个人好好看看这个小工友。他拥有在我们整个工厂及办公室内擦鞋的特权。他的前任是位白人小男孩，年纪比他大得多。尽管公司每周补贴他5美元的薪水，而且工厂里有数千名员工，但他仍然无法从这个公司赚取足以维持他生活的费用。"

"这位黑人小男孩不仅可以赚到相当不错的收入，既不需要公司补贴薪水，每周还可以存下一点钱来，而他和他的前任的工作环境完全相同，也在同一家工厂内，工作的对象也完全相同。"

"现在我问你们一个问题，那个白人小男孩拉不到更多的生意，是谁的错？是他的错还是顾客的错？"

那些推销员不约而同地大声说："当然了，是那个小男孩的错。"

"正是如此。"查姆斯回答说，"现在我要告诉你们，你们现在推销收银机和一年前的情况完全相同：同样的地区、同样的对象以及同样的商业条件。但是，你们的销售成绩却比不上一年前。这是谁的错？是你们的错，还是顾客的错？"

同样又传来如雷般的回答："当然，是我们的错！"

"我很高兴，你们能坦率承认自己的错。"查姆斯继续说，"我现在要告诉你们。你们的错误在于，你们听到了有关本公司财务发生困难的谣言，这影响了你们的工作热忱，因此，你们就不像以前那般努力

了。只要你们回到自己的销售地区，并保证在以后 30 天内，每人卖出
5 台收银机，那么，本公司就不会再发生什么财务危机了。你们愿意这
样做吗？"

大家都说"愿意"，后来果然办到了。那些他们曾强调的种种借
口：商业不景气，资金缺少，人们都希望等到总统大选揭晓以后再买
东西，等等，仿佛根本不存在似的，统统消失了。

当你被欲望控制时，你是渺小的；当你被热情激发时，你是伟大
的。故事中，查姆斯先生通过两个工友擦鞋的例子来告诉公司的销售
员，只要热爱你的工作，用热忱的态度来回馈于工作，那么即使再大的
困难也是可以克服的。就如同故事的结局那样，每个人都拿出热情全
身心地投入工作，每个人只要卖出 5 台收银机，公司的财务危机就得
到了解决。

人不能没有热情，热情是一种能量，一种督促并且帮助我们前进
的助力。一旦失掉了热情，军队便失去了前进的方向；一旦失去了热
情，人类也将会与许多伟大的事件擦身而过。没有热情，哥伦布怎么
可能坚持着自己的信念多年，最终获得资助进而发现美洲；没有热情，
拿破仑怎么能在第一次远征意大利的行动中，15 天时间打了 6 场胜
仗，只花 2 星期的时间策划一场别人需要 1 年准备时间的战役？……

人的一生可能燃烧也可能腐朽，选择成功就不能腐朽，就必须燃
烧起来！

弗兰克原本是电视台的记者，十多年过去了一直没有发达的机
会，职位和薪水也不是很理想。弗兰克自己觉得，尽管努力工作了，但
公司却总是给予他最低的评价。生气的弗兰克经过一番考虑后，很想
提出辞呈一走了之。在作出最后决定之前，他向一位朋友征求意见。

朋友告诉他说："造成现在这种情况，你思考过是什么原因吗？你

尝试过去了解你的工作、喜爱你的工作吗？你是否真正努力工作过？如果仅仅是因为对现在的工作或职位、薪水感到不满而辞去工作，你也不会有更好的选择。稍微忍耐一点，转变你的工作态度，试着从现在的工作中找到价值和乐趣，也许你会有意外的发现和收获。当你真正努力过了，到那时候再考虑辞职也不晚。"

弗兰克听从了朋友的建议，重新审视了他过去的工作经历，并试着多一些乐观的想法，于是找到了以前绝对无法体会的"乐趣"，了解到他的工作性质是可以认识很多人，也能交到很多的朋友。自那之后，弗兰克广交朋友，于是不知不觉中，对公司的不平、不满的情绪消失了。不仅如此，数年后弗兰克在公司内得到的评价是——"擅长建立人际关系的弗兰克"。

很快，弗兰克不但获得了提升，他本人也成为了美国著名的节目主持人。

各种梦想总是在烈火般的热情中得以实现的，各种奇迹也总是经过了热情火焰的淬炼才被创造的。

每个人的内心都有着热情，但是能好好利用这份热情来执著于目标实现的却不多。热情是实现目标最有效的方式，只有对自己的愿望有热情的人，才有可能把目标变为现实。

我们的心中不缺乏热情，但是缺少对热情的引导与保持，缺乏对热情的开发，不少人在工作开始之初总是信心十足，但这种热情却很难维持，最终很快就放弃了目标。

热情是高效率工作的动力，是始终如一高质量完成任务的重要因素，是创造辉煌业绩不可缺少的品质。

人生的追求，情感的冲撞，进取的热情，可以隐匿却不可以贫乏，可以恬然却不可以清淡。

火一般的热情引导我们走向成功的明天！

专　　注

　　我们可能见过许多非常聪明、精力充沛、才华出众、很有个人魅力的人，但是却并非所有这样的人最终都获得了成功。在研究了他们的经历之后，很容易发现他们是因为缺乏专注的品质，没有集中精力而导致了无为甚至失败。

　　西点军校主张：为自己定下一个要赢取的目标，全力以赴投入实现目标的行动中去，在没有成功之前决不开始下一个任务。

　　假如你对自己说：我要做一个自然科学家，或一个旅行家，或一个历史学家，或一个政府要员，或一个学者；然后你把你所有的精力都放到那个方向上去，利用一切有助于你实现这个目标的优势，抛弃所有对实现这个目标无益的杂事，你就会在某个时刻实现你的目标。这个世界对那些知道自己要到哪里去的人，总是大开方便之门。你心中的目的地，就在那里等待着你的到来。你的时间是足够的。只要你长年累月在为到达你的目的地做准备，早晚你会到达那里。

　　高效率蒸汽机的发明者詹姆斯·瓦特，从小就是出了名的心灵手巧的人，他在父亲的造船作坊里迅速掌握了修理航海仪表的技术，工匠们夸他"每根手指头上都刻着好运纹"，事实上，在拥有自己的工作台之前，小瓦特就把课余时间消磨在车间里，观察大人们干活，静静地思考。他是一个非常内向、好静的孩子，只要是他感兴趣的事，无论他准备做、正在做，还是暂时中断，他的心思都在上面，这样的人所取得

的进步,是那些三心二意的人望尘莫及的。

他中学毕业后来到格拉斯哥。想学一门手艺,但是这里竟然没有一个配当他师父的人,那些工匠可以教的,他早就会了。他不得不来到伦敦,从举世闻名的仪器专家中寻找自己的导师。他成了数学家、仪器制造专家约翰·摩根的学徒,一年中,他掌握了别的学徒需要3至4年才能学到的东西。他是这样做的:每周在摩根的车间里工作5天,每天从清晨干到晚上9点,在休息时间又揽些零星的修理活来干。他用黄铜制作的法式接头的两脚规被评为全行业中最杰出的作品。出师时他告诉父亲:"我认为不管在什么地方,我都不愁没有饭吃,因为现在我已经能像大多数工匠那样出色地工作了,尽管我还不如他们熟练。"

对于他这样的人,吃饭绝不是一个问题。他为格拉斯哥大学修好了一批天文仪器,在校园里得到了一个工作间,也得到了丰衣足食的生活。后来他又与一名建筑商合伙开了仪器制造修理厂,赚了不少钱。自从得到一台老式蒸汽机模型、弄清它的缺陷、意识到改进它的可能性后,他就从小安乐窝中走了出来,踏上了伟大的成功之路。

他沉浸在对大气压真空、冷凝、传热、冲程、能量、效率等错综复杂的环节的思索中,在工作中、在散步时、在床上……不停地考虑那些模型和环环相扣的难题,一旦心有所得,就扑到试验室里检验。

他知道这东西一旦成功,将对工业文明产生不可估量的影响,在此之前人们普遍依赖自然界的不稳定的风力和水力来驱动机械设备,老式蒸汽机由于燃料消耗过大,只能在煤矿里运用,而且它发出的呼哧呼哧、吱嘎吱嘎、扑通扑通的噪音使几英里内不得安宁。瓦特撒开其他事情,一心扑在蒸汽机上,他写信告诉朋友:"除了这台发动机之外,我对任何别的事情都可以不加考虑。"就是这样一个人,在15年的时间里,把六十多年中无人改进的震天响的矿井蒸汽机变成了可以牵引轮船和火车的动力,他自己也获得了巨大的财富和显赫的社会地位。

"除了这台发动机之外，我对任何别的事情都可以不加以考虑。"这就是不达目的誓不罢休的专注精神！

拿破仑在执政统治时期的亲密同伴——勒德累尔这样回忆："他的一个显著特征是持久的注意力。他能一口气工作18个小时，也许是做一件工作，也许是几件工作轮流做。我从未见他的注意力衰退过。我从未见过他脑子里的发条松过，即便是在他疲倦的时候、做剧烈运动的时候，甚至是生气的时候。我从未见过他不顾手头正在做的事情，将注意力转移到即将做的另一件事上。来自埃及的好消息或坏消息从未妨碍过他对民法的关注，民法也从未妨碍过他采取必要措施来维护埃及的安全。没有任何一个人能像他那样全身心投入工作之中，也没有任何一个人能更好地分配时间去做他要做的一切。从未有人更坚决地拒绝考虑不合时宜的事务或意见，也从未有人更精明地在机会到来之时抓住一件事务或一个意见。"

世上所有的成功者几乎都是对于自己的事业极度专注的人，能够专注于一件事是成功者最可贵的品质之一。我们如果要想取得成功就应该盯住一个目标不放弃，坚持下去。

只有真正想获得成功，并且有毅力的人才能真正明白专注于一件事能给我们带来多大的效益。

"你那朋友小汤普金斯是什么样的一个人？"一个年轻人问。

"他是个流浪汉。"那人回答说。

"流浪汉？"先问的那年轻人大声地说，"你不会说他在街头流浪吧？"

那位回答的人说："是啊。但他是一个思想上的流浪汉。他相信，他自己可以做许多不同的事情，但是他不能，也不愿意决定这些事情中的任何一件将成为他毕生的事业。他常常在一件事情忙了一天、一周或一个月之后又撂下不管，去做别的事，一段时间后又改做另一件

事情,就这样换来换去的。他常常十分闲散,因为他不会强迫自己专注于某件事,把它当作稳定的目标去追求。人们都说他聪明,称他为多面手。我总是担心,他的聪明和多才多艺会毁掉他的一生。倘若他只有某一项专长或决心坚持做一件事,我就会对他抱有更大的希望。"

每个人的精力都是有限的,试想,当一个人在同一时间同时做几件事的时候,能够比得上只做一件事的效果吗?答案当然是"不能"。不能专注于一件事,就等于分散了自己固有的精力,花费了不必要的心血在无谓的事情上,这样下去,只会浪费更多的精力,这样的人也是永远不可能有什么大的成就的。

世界上有许多很有天赋的人最终没有获得什么成就,相反那些资质平平的人却成就了大事,这是为什么呢?答案很简单,一个资质平平但是做事专注的人能打败无数个富有天赋但是不肯花心思做好一件事的人。今天这样,明天又那样,这样的人虽然目标很多,但是最终没有一个实现的。

法布尔在他的巨著《昆虫记》中展现的才华令人折服。达尔文说他是一个"难以效仿的观察家",人们称他为"昆虫世界的荷马"。他没有爱迪生、贝尔这些人的商业头脑,也从来不参与商业活动,但他在自己的学术领域中,具备一个成大器者的基本素质——对事业充满热爱、对工作十分专注。

他4岁时就迷上了大自然中的花鸟鱼虫,常常站在池塘边观察鱼虾、蝌蚪、水蜘蛛,在草丛中追蜻蜓、捉甲虫、扑蝴蝶,口袋里装满了小昆虫、小动物。上小学时,他一有机会就溜到郊外,捉蜗牛、捡贝壳、捉各种小虫子,还采集植物标本。这种兴趣持续了一生。他对事业的热爱达到了如此程度,以至于当拿破仑三世接见他、邀请他出任宫廷教师时,他说:"谢谢陛下的一片好意,我宁愿终身与昆虫相伴。"

　　对事业的热爱,促使他心无旁骛地进行观察和研究,获得了大量的新发现。他年轻时发表的一些论文,以详尽的事实向当时学术界的权威观点提出挑战,一旦他的观点得到承认,他也就赢得了声誉。他在著名昆虫学家迪富尔的著作中看到,砂蜂杀死吉丁虫,储存在巢内喂养幼虫,吉丁虫的尸体既不腐烂,也不干枯。法布尔认为砂蜂给吉丁虫注射了致命的同时具有防腐作用的毒汁。法布尔对此事产生了浓厚的兴趣,于是他决定亲眼看看砂蜂怎么给吉丁虫打针。他一动不动地蹲在砂蜂的巢穴边观察。结果,他意外地发现,被砂蜂俘获的吉丁虫,脚和翅膀在可怜巴巴地抖动,它在蜂巢中活着,它只是被麻痹了,没有死。随后经过多次的观察,法布尔郑重地推翻了迪富尔这个学术权威的观点,他断定,砂蜂给吉丁虫注射的不是致命的毒药而是一种麻醉剂。他发表了《砂蜂的习性及吉丁虫不腐败的原因》这篇论文,引起了昆虫学界的关注。

　　他就是以这样的精神几十年如一日地工作着,鸿篇巨制的《昆虫记》就是一次次聚精会神观察的结晶,他常常趴在地上,如痴似醉地观察,把衣服都磨破了。

　　一天早晨,法布尔起床后,像往常一样往外走,他妻子提醒他,今天有客人来,法布尔这才想起他和教育部长、内阁大臣的约会。他回到客厅等着。妻子看见法布尔的衬衫上有破洞,说:“你就穿这身衣服见客吗?”法布尔耸耸肩说:“我哪件衣服没有破洞呢!”他妻子一想,确实如此,于是法布尔就这样迎接了内阁大臣。

　　法布尔在自然环境中追踪昆虫的生命活动,这种工作,比起在实验室里解剖昆虫的尸体、研究静态的结构,要艰巨得多。只有深深的迷恋和高度的专注才能让一个人坚持这条道路,坚持一生,并创造出前所未有的成就。当有人对《昆虫记》的科学价值提出质疑时,法布尔写道:“你们这些带着蜇针的和盔甲上长着鞘翅的,不管有多少都到这儿来,为我辩护、替我说话吧! 你们说说我跟你们是多么亲密无间,我

多么耐心地观察你们，多么认真地记录你们的行为。你们会异口同声地作证说：是的，法布尔的作品没有充满言之无物的公式、一知半解的瞎扯，而是准确地描述观察到的事实，不多也不少。谁愿意询问你们，就去问好了，他们只会得到同样的答复。"

世界上最大的浪费就是分散精力在几件事上，既谈不上效益，更不可能把几件事做好。人的时间、精力、资源都是有限的，不可能面面俱到，所以，请一定把握好你的目标，然后专注地投入吧！

西点军校博物馆

Chapter 6
服　　从

基于目标一致的服从

威灵顿说:"执行命令是一个军人的天职,这是我们的责任,并不是侮辱。"军人的第一件事情就是学会服从。

无条件执行上司的命令,就是服从。服从在西点人的观念中是一种道德。对西点人来讲,对当权者的服从是百分之百的正确,因为他们认为,西点军校所造就的人才是从事战争的人,这种人要执行作战命令,要带领士兵向设有坚固防御之敌进攻,没有服从就没有胜利。

西点军校采用"斯巴达式"的各种训练,使学员身体疲惫不堪,没有提出反抗的余力。而在日常训练中,也强调对军官以及高年级学员命令的服从。例如由高年级的学员负责管理的低年级日常着装训练。高年级的负责人一会儿下令集合站队,一会儿又指令返回宿舍换穿白灰组合制服(白衬衣加灰裤子),并限定5分钟内返回原地并报告:"做好检查准备。"接着又会有新的命令,要求所有人换上学员灰制服。而在这整个过程中,必须无条件地执行命令,不能有任何的借口和抱怨。

西点退役上校拉里·唐尼索恩(Larry Donnithorne)在他的西点回忆录里描述过他刚进西点时的一个小插曲:

1962年,我还是个涉世未深的18岁青年,穿着一件红色 T 恤和短裤,来到西点军校。我提着一个小皮箱,到体育馆报到。填好所有的表格之后,就走向校园中央的大操场。

我看到一个穿制服的学长,他的样子只能用完美无瑕来形容。他

披着红色的值星带,代表他是新生训练的一个负责人。他远远看到我就说:"嘿,穿红衣服的那个,到这边来。"我一面走向他,一面伸出手说:"嗨,我叫拉里·唐尼索恩。"我面带笑容,心想他也会亲切地回答我:"嗨,我叫乔·史密斯,欢迎加入西点。"

结果他却说:"菜鸟,你以为这里有谁会管你叫什么名字吗?"你可以想象得到,我当场被他驳得哑口无言。接下来他叫我把皮箱丢下,单是这个动作就又折腾了半天。我弯下腰把皮箱放在地上。他说:"菜鸟,我是叫你把皮箱丢下。"这一次,我弯下身,在皮箱离地面5厘米左右松手让它掉下去,他却还是不满意。我一再地重复这个动作,直到最后一动不动只把手指松开让皮箱自己掉下去,他才终于满意。

高年级学生刁难新生,在西点可以说是一个传统。其主要目的在于培养新生的服从意识。

今天西点军校主要的领导风格,已经大大不同于以往,不再那么专制,也比较尊重部属。西点今天对高年级学生的要求,强调以领导者对待部属的方式来对待新生。在新生训练中,值星的学长说话仍然坚持公事公办,但是不会再有丢皮箱这类的规矩。值星官会清楚地告诉新生应该知道的事项,该到什么地方去,做些什么事;如果还有人不清楚,值星官会再说明一遍。但是西点依然把"无条件执行"作为西点军规的第一条。

西点不提倡盲目服从。西点军校提出的"服从",决不仅仅是"听话",也不仅仅是指机械地遵照上级的指示。服从需要个人付出相当大的努力,它需要在一定限度内牺牲个人的自由、利益,甚至生命。服从,是一个领导者也必须接受的严峻考验。

西点强调服从,是通过服从统一意志,统一行动,达成既定的目标。

为了培养服从意识,西点军校教育每个学员切记避免"对总统、国会或自己的直接上司作任何贬低的评论"。西点教诲学员,"不要上呈那种不受上司欢迎的文件和报告,更不要发表使上司讨厌的讲话"。如果摸不准自己上呈的报告或发表的讲话是否符合上司口味,可以事先征求一下上司的意见。西点军校还教育学员养成"公务员的性格",坚信当权者是完美无缺的人,有识之士,对当权者不要有任何怀疑。这一做人原则是西点的传统道德。

1902 年,威廉·拉尼德对此做了非常生动的描述:"上司的命令,好似大炮发射出的炮弹,在命令面前你无理可言,必须绝对服从。"一位西点上校讲得更精彩:"我们不过是枪里的一颗子弹,枪就是美国整个社会,枪的扳机由总统和国会来扣动,是他们发射我们。他们决定我们打谁就打谁。"曾有人说,黑格将军之所以被尼克松看中,就是因为他的服从精神和严守纪律的品格。需要发表意见的时候,坦而言之,尽其所能,当上司决定了什么事情,就坚决服从,努力执行,绝不表现自己的聪明。这就是西点对学员的训诫和要求。

巴顿将军在他的战争回忆录《我所知道的战争》中曾写到这样一个细节:

"我要提拔人时常常把所有的候选人排到一起,给他们提一个我想要他们解决的问题。我说:'伙计们,我要在仓库后面挖一条 98 英尺长,3 英尺宽,6 英寸深的战壕。'我就告诉他们那么多。我有一个有窗户或有大节孔的仓库。候选人正在检查工具时,我走进仓库,通过窗户或节孔观察他们。我看到伙计们把锹和镐都放到仓库后面的地上。他们休息几分钟后开始议论我为什么要他们挖这么浅的战壕。他们有的说 6 英寸深还不够当火炮掩体。其他人争论说,这样的战壕太热或太冷。如果伙计们是军官,他们会抱怨他们不该干挖战壕这么普通的体力劳动。最后,有个伙计对别人下命令:'让我们把战壕挖好后离开这里吧。那个老家伙想用战壕干什么都没关系。'"

最后，巴顿写到："那个伙计得到了提拔。我必须挑选不找任何借口地完成任务的人。"

巴顿将军不仅要求别人服从他的命令，同时也是以身作则的榜样。布雷德利将军就曾经给巴顿写过这样一个评语："他总是乐于并且全力支持上级的计划，而不管他自己对这些计划的看法如何。"

商场如战场，在企业中，服从的观念同样适用。服从是行动的第一步，放弃个人的一些观念，而完全融入组织的价值观念中去。无条件地执行才是企业所需要的好员工。而作为一名领导者，在西点人看来，都必须学会服从。只有学会了服从，领导者才有可能以最佳的方式和方法处理好个人权威与集体权威、个人利益与集体利益的关系。

服从命令，并且立刻着手去做，这样才能在商场上把握先机。

西点军校餐厅

千万别找借口

"工作无借口",是西点军校的一项重要军规,也是西点军校传授给每一个新学员的第一个理念。

每到新学员报到的时候,他们最早学到的就是如何回答军官或是高年级学员的问话。

在美国西点军校,有一个广为传诵的悠久传统。学员遇到军官或是高年级学员的问话时,只能有"四个标准答案":"报告长官,是";"报告长官,不是";"报告长官,没有任何借口";"报告长官,我不知道"。学员不能多说一个字,长官只要结果,而不是要为什么没有完成任务的解释。

工作无借口作为西点军校二百年所奉行的最重要的行为准则之一,为所有的西点学生强化的是这样一个概念:每一个人,尤其是军人,都应想尽一切办法去完成任何一项任务,而不是为没有完成任务去寻找任何借口,哪怕是看似合理的借口。

在西点军校二百年的历史中,许多人用自己的行动为"工作无借口"这一行为准则作了完美诠释。这其中,最著名的恐怕就是"把信送给加西亚"的罗文上校了。

安德鲁·罗文,弗吉尼亚人,1881 年毕业于西点军校。作为一个军人,他与陆军情报局一道完成了一项重要的军事任务——把信送给加西亚,被授予杰出军人勋章。

当美西战争爆发后，美国必须立即跟西班牙的反抗军首领加西亚取得联系。加西亚在古巴丛林的山里——没有人知道确切的地点，无法带信给他。美国总统必须尽快地获得他的合作。怎么办呢？有人对总统说："有一个名叫罗文的人，有办法找到加西亚，也只有他才能找得到。"

他们把罗文找来，交给他一封写给加西亚的信。罗文拿了信，把它装进一个油布制的袋里，封好，吊在胸口，划着一艘小船，四天之后的一个夜里在古巴上岸，消逝于丛林中，接着在三个星期后，从古巴岛的那一边出来，徒步走过一个危机四伏的国家，把那封信交给了加西亚。但这些细节都不是重点，重点是：麦金利总统把一封写给加西亚的信交给了罗文，而罗文接过信之后，并没有问："他在什么地方？"也没有抱怨这个几乎是不可能完成的任务，而是接受了命令并且尽一切努力去完成它。

罗文的事迹通过小册子《致加西亚的信》传遍了全世界，并成为敬业、服从、勤奋的象征。

而巴顿将军，1916 年，作为美国远征墨西哥的军队的总司令潘兴将军的副官时，也有过一次类似的经历，巴顿将军在他的日记中这样写道：

"有一天，潘兴将军派我去给豪兹将军送信。但我所了解的关于豪兹将军的情报只是说他已通过普罗维登西区牧场。天黑前我赶到了牧场，碰到第 7 骑兵团的骡马运输队。我要了两名士兵和三匹马，顺着这个连队的车辙前进。走了不多远，又碰到了第 10 骑兵团的一支侦察巡逻兵。他们告诉我不要再往前走了，因为前面的树林里到处都是维利斯塔人。我没有听，沿着峡谷继续前进。途中遇到了费切特将军（当时是少校）指挥的第 7 骑兵团的一支巡逻队。他们劝我不要往前走了，因为峡谷里到处都是维利斯塔人。费切特将军他们也不知道豪兹将军在哪里。但是我们继续前进，最后终于找到豪兹将军。"

　　"工作无借口"这一原则看似很不公平，有时甚至是故意刁难，但是西点就是要让所有的学员明白：人生并不是永远公平的，无论当你身处怎样的环境，都只能凭借毫不畏惧的决心和坚忍不拔的意志，在有限的时间内完美地完成任务。

　　在战场上，任何时候都可能变成生死关头，我们又怎么有时间再为自己寻找借口呢？哪怕找到了借口对于结果又有什么影响呢？

　　但在现实生活中，我们总是经常能听到各种各样的借口，为自己的种种不尽如人意的行为作解释。没有完成任务，我们会抱怨是任务太难，自己已经尽力；上班迟到我们就会归罪于路上堵车；考试不及格我们可能会说是出题太偏……类似的借口总是无处不在。

　　我们总是寻找着似乎更具有说服力的借口，却很少想尽办法去完成任务。工作中，我们缺少的是通过各种途径努力完成任务的精神，企业缺少的是从不在工作中寻找任何借口的优秀员工。

　　试想，如果你是企业的老板，你是否愿意接受这种种的借口呢？你是喜欢一个总是在为自己寻找借口的员工还是偏爱不找任何借口，实实在在做事的员工呢？答案是显而易见的。或许的确面临困难，并且这个困难是客观存在并不以我们的意志为转移的，但是我们却可以通过自身的努力来克服它。我们并不能等所有的外部条件都完善了再开始着手做事，我们能做的唯有立刻行动，不找任何借口。

　　借口的实质是推卸责任。在责任与借口之间，你的选择往往就代表了你的工作态度。选择了借口其实就是一种不负责任的表现。而一旦你曾经因为借口而被免于惩罚之后，久而久之你就会养成习惯，习惯于寻找借口来为自己的过失开脱，习惯于努力寻找借口而非尽一切努力达成目标，并且最终推卸掉自己本应承担的责任。

　　在企业中，每个人都有其特定的职责范围，你的职责是别人所无

法代替的。如果你总是为自己寻找借口推脱，那么你的责任范围势必就有人取代，而你一旦被取代就将成为可有可无的人，那你离失去这份工作也就不远了。

企业需要不利用借口推卸责任的员工，老板偏爱努力实干而非夸夸其谈的员工。要想获得成功，获取上司的赏识与信任，靠的不是借口，而是积极主动地解决问题，想尽办法地获取成功。

优秀的员工从不在工作中寻找任何借口！因为他们知道，寻找借口的恶习一旦养成，失败也就接踵而来。借口为你带来的不是成功，而是一种消极的心态，在工作或任务没有完成之前就已经想到了推脱的借口，自然也就不会尽力去完成目标。

千万不要寻找借口，也许它能为你带来一时的安逸、些许的心灵慰藉，但是却让你付出更昂贵的代价。

战场上不需要借口，企业中不需要借口，人生的路上也不需要借口，任何的借口都只是自欺欺人而已。工作无借口，失败无借口，成功只属于那些勇往直前，没有任何借口的人！

西点军校的校园景色

只管说"我不知道"

借口如同是一块敷衍别人、掩饰过错、推卸责任、欺骗自己的"挡箭牌"。寻找借口的人希望把自己的过失加以掩饰,把自己的责任转嫁到别人身上。这样的人希望通过寻找借口来使自己看起来没有过错,似乎是一个没有过失的员工,殊不知这样的人却是企业最不欢迎、也是最不称职的员工,是不被信赖的人。

当遇到自己确实并不知道的问题,我们完全可以回答"我不知道"。回答"不知道"并不可耻,相反是真诚与称职的表现。现在的"不知道"并不代表永远,只要懂得去学习和努力,就只管说"我不知道"。

有一天早晨,我们的客户——一家名列《财富》500强的制造业公司召开了一个重要的项目推介会。我们的项目主管约翰和整个团队把说明情况的各个不同的部分都过了一遍。我把自己的这一部分已经过完了,前一天晚上我一直干到凌晨4点才把它整理完,当时我是筋疲力尽。

当讨论转向另一个部分时(这一部分与我无关,而且我对这一部分也知之甚少),我的脑子开始抛锚了,一个劲地想睡觉。我可以听见团队的其他人在讨论不同的观点,但话从我的头脑里滑了过去,就像水从小孩的手指间流过去了一样。

突然,约翰问了我一句:"那么,艾森,你对苏茜的观点怎么看?"我一下就惊醒了。一时的惊吓和害怕妨碍了我集中精力回忆刚才所讨论的内容。多年在常春藤名校和商学院练就的反应让我回过神来,我

提出了几条一般性的看法。当然,我所说的也许只能算是马后炮。

如果我告诉约翰"我没有什么把握——以前我没有看过这方面的问题",我可能会好一点,甚至我这样说也行:"对不起,我刚才思想抛锚了。"我想他会理解的,他以前一定有过同样的经历,就像在麦肯锡工作的其他人一样。相反,我却想蒙混过去,结果便是自己信口开河了。

几个星期之后,项目结束了,团队最后一次聚会。我们去了一家快餐店,吃了很多东西,喝了不少啤酒。接下来项目经理开始给团队的每一位成员分发带有开玩笑或具有幽默性质的礼物。至于我的礼物,他递给我的是一个桌上摆的小画框,上面整整齐齐地印着麦肯锡的至理名言:"只管说'我不知道'。"

这是一条明智之极的建议,至今这个画框还摆在我的书桌上。

在现实生活中,更多的人热衷于寻找各种各样的借口,却总是吝啬于说"我不知道"。

而在西点军校,有四种回答军官或高年级学员问题的标准答案,"报告长官,我不知道"也是其中之一。

西点并不认为告诉别人"我不知道"是错误的或是可耻的,相反,西点人认为在事实情况下回答"我不知道"是一种诚实的表现,是维护自身荣誉与原则的表现,是有责任感的表现。

"我不知道"比不负责任地寻找借口要好许多。与其绞尽脑汁寻找借口来掩饰自己的无知,不如回答一句"我不知道"。

有了错误并不可怕,可怕的是不去改正错误;遭遇失败并不可怕,可怕的是在失败之后不能总结经验再站起来;遇到问题回答"我不知道"也并不可怕,可怕的是不懂装懂,不了解自己的无知。

勇于承认自己不知道的人是充满自信的。自信的人从来不为自己寻找任何借口,借口是懦弱的表现,与其不停为自己寻找借口,不如说"我不知道"。

Chapter 7

自　　律

铁一般的纪律

西点军校纪律的严厉是出名的,开始大家可能只是为了形式,时间一长习惯成自然,学员逐渐地把军校的目标变成了个人目标,把原本强调的行为变成一种自然的行为,变成了自觉的纪律。

西点从学员进入军校开始就十分强调纪律的重要性。西点人认为自觉自律是意志成熟的标志。

西点军事职业教育发展总方针指出:"自我约束是一种值得特别关注的性格品质,它与正直精神一样,贯穿于模范地履行职责和个人行为的所有方面。"所以,西点也要求每一个西点的学生能成为自觉精神的战士。

西点《集合号》杂志曾刊登学员队司令的一篇文章,专门强调了"自觉的纪律",文章说:

自觉的纪律是一支优良军队的重要特点,在西点军校,自觉的纪律更为重要,自觉的纪律是军事院校必须为学员灌输的优良品质。如果一个人要想担负领导责任,这种品质是必不可少的,如果一个人要想很好地为国家服务,也必须具备这样的品质。它所以有这样重要的作用,因为它是一个优秀的人才必备的素质,也是任何人所希望具有的。一个人是能够并愿意作出多种选择的……艰苦奋斗胜于舒适生活;不易之硕果胜于唾手可得;真理胜于错误;正确胜于荒谬。这每一项都要求一个人认真考虑和选择,即便是不在别人的监视和控制之下,也能懂得什么是正确的,什么是国家所希望的……简而言之这就

叫自觉的纪律,很明显,西点军校的毕业生应该比其他人更多地具备这样的品质。

战士的生命意味着责任,他必须服从命令,遵守纪律,并且时刻准备着。当冲锋号吹响的时候,他必须出发,哪怕是赴汤蹈火,也不能有任何的犹豫或退缩。这就是纪律的力量。

巴顿可以说是美国个性最强的四星上将,但在纪律问题上,对上司的服从上,态度毫不含糊。他深知,军队的纪律比任何纪律都重要,军人的服从是职业的客观要求。他认为:"纪律是保持部队战斗力的重要因素,也是士兵们发挥最大潜力的关键。所以,纪律应该是根深蒂固的,它甚至比战斗的激烈程度和死亡的可怕性质还要强烈。""纪律只有一种,这就是完善的纪律。假如你不执行和维护纪律,你就是潜在的杀人犯。"巴顿如此认识纪律,也如此执行纪律,并要求部属必须如此,这是他成就军事事业的重要因素之一。

有时候粗鲁的巴顿并不是强硬的命令者。他从不满足于运筹帷幄和发号施令,他经常深入基层和前线考察;听取部属意见,而且身先士卒,让部队感受到统帅就在他们中间,从而愿意听从他的命令,愿意服从他的指挥。

西点军校对于刚刚入学的学员实施强化教育,强化纪律的概念。一年级学员不仅要服从长官、服从纪律、服从各项制度,还要服从高年级同学,甚至包括服从高年级同学莫名其妙的责难。这是西点最受攻击的政策,但却从来不曾改变。校方认为,一名合格的军人就必须被打上纪律的烙印,只有这样,才能在今后无论多严苛的条件下都可以完成任务。

军人的纪律是不允许违反的,如果你不能遵守这些严格得甚至有些过分的纪律,那就只能选择离开。

一群小孩在公园里玩打仗的游戏。一个小孩被派为哨兵站岗,扮演军长的小孩命令他不准擅自离开,他便一直在那儿站着。后来,玩累了的孩子都回家去了,把他一个人忘在那儿站岗。天已晚了,站岗的小孩哭了起来。公园管理员循着哭声跑过来,要他赶快回家。

"我是士兵,我要服从军长的命令,军长要我不得擅自离开,我不能走!"孩子说。

公园管理员想了想,站直身子,正色道:"士兵同志,我是司令员,现在我命令你回家去。"

小孩听了,高高兴兴地回家去了。

或许这个故事有点可笑,但是故事中孩子对"纪律"的遵守、对"军长"的服从、对"士兵"职责的忠诚,却不得不说是对军人的纪律和职责最完美的注释。

施瓦茨科夫将军曾经专门谈过这方面的体会。他认为,西点是个令人振奋的地方,成就感较强的青年会很快适应这里的生活,在不知不觉中形成优秀的内在修养,形成标准军人或职业军人的优良品质。从这个意义上说,西点并不反对自由,而是首先让学员认识纪律之于军人的重要性,并在认识重要性的过程中增加执行纪律的自觉性,从而使严肃的、刻板的、冷漠无情的纪律,变成自觉的、可以适应的、衡量道德价值的纪律。

没有规矩,不成方圆。纪律作为一种约束的手段是必需的。任何地方都没有绝对的自由。在一个企业中,规章制度作为约束和评判标准也是必需的。而作为一名员工,也有义务遵守企业的"纪律",并且把它潜移默化为自身的自觉行为,这样才是一名优秀的员工。

一切从零开始

初进西点军校的学生，在中学时代大多是天之骄子，不论是在学业上还是课外活动的表现上，都是名列前茅的高才生。但尽管如此，一旦进入西点军校，哪怕是条件再优越，也不会得到上司的偏袒。在西点军校，你和班级内的每个同学都是相同的。曾经的卓越在这里都只代表着过去。

西点《新学员》"1977 届学员父母参考"中明确写道：

您的儿子选择进入美国陆军军官学校，就是选择作出牺牲，尽管他还不知道这牺牲对他意味着什么。在全国各地其他院校的校园里，大学生的生活方式正在很快地改变，然而，选择了西点军校便可不受这种变化的影响。

这样的忠告每位学员及其父母都要收到，以便新生在入学之前有个思想准备。或者迎接挑战，作出牺牲，或者放弃西点，转向其他大学，绝无中间道路可走。

约翰·斯坦贝克先生也曾介绍说："我告诉你，免得你感到惊讶。他们首先会剥光你的衣服，但是他们还不肯就此罢休。他们要把你身上仅有的一点点自尊心绞干——你将失去不受别人干预、自由自在生活的正当权利。"

　　西点 1987 年毕业生，FreeMarkets 公司的高级副总裁戴夫·麦考梅克回忆他刚进西点时的情景说："西点军校是特别能打消傲气的地方。我来自一个小镇，在那里，我是优等生，而且还是一个运动队的头。我来到西点后发现，我的同学中 60％是运动队的头，20％是所在中学的尖子。今天你还是一个地方的明星，明天你就只是数千强者中微不足道的一个。"

　　不管新学员的社会经历，不管是什么背景的学员，即便是总统的儿子，陆军部长的儿子，只要一进西点就一律平等，就得一样进"兽营"，一样训练，一样学习，吃穿住行完全一致，任何特权都必须放弃。新学员都将被视为如同白纸一样的婴儿，新学员受训刚开始时没有名字，没有一切个人的特殊物品（包括最基本的财物），日程安排得满满的，让学员只有时间去执行命令而没时间去思考。

　　在这里，每个人都没有过去，曾经的荣誉、家世和背景都不值一提，所有一切都将从零开始，每个人在这里都没有特权可言，任何长官的命令你都必须服从。

　　而对于一个企业，不找借口地贯彻并执行上级的安排，完美地贯彻服从的概念，不因任何理由而享有特权的员工才是他们真正想要的。也只有这样的员工，才可能为上司所赏识，比别人多拥有一点成功的机会。

　　进入一个企业之后，每个员工都不再仅仅是一个独立的个体，更是企业的一员。大家都是平等的，而没有任何人能够因为任何理由而被特殊对待。你的未来是一张白纸，等待你的挥洒。

■ 保 持 理 智

　　西点军校培养的并非不顾一切、不计后果的莽夫,而是临危不惧、沉着冷静的勇者。在军事教育发展方针中,西点明确提出培养学员"理性的勇敢"。

　　"理性的勇敢"不是那种不评估环境情况、轻率冲动的就路见不平和拔刀相助的勇敢,不是那种有所不屑就出手相搏的勇敢,或者说不是简单的血气之勇,不是三分钟的热血冲动。**"理性的勇敢"更多表现为控制情绪、冷静分析、临危不惧的原则。**

　　华盛顿从小就家教甚严,还是小学生时,家里就让他抄写一百遍"如何成为一名绅士"的准则。

　　1974 年,已经成为一名上校的华盛顿驻防在亚历山大市,当时弗吉尼亚州议会正在进行议员选举,有一个名叫威廉·佩恩的人与华盛顿政见不同因此支持的议员人选也不同。

　　于是两人展开了一场唇枪舌剑的辩论,辩论进行到激烈之处,华盛顿一时没有管住自己的情绪,说了几句颇为难听的话。脾气暴躁的佩恩盛怒之下挥起手杖将华盛顿打倒在地。

　　华盛顿的部下迅速赶来,愤怒地试图为他们的长官报仇,华盛顿却劝阻大家平静地退回营地,他会自己处理所有问题。

　　第二天上午,华盛顿约佩恩到一家当地的酒店碰面。按照当时许多贵族的习俗,佩恩以为华盛顿会要求他道歉并且会和他决斗,他无法拒绝，只能无奈赴宴。

　　没想到到了酒店后，佩恩才发现等待他的不是盛怒的华盛顿，而是笑容可掬手持酒杯的华盛顿。华盛顿说："佩恩先生，请你原谅我昨天的鲁莽冲动，如果你觉得我们已经互相抵消，不如就让我们握手言和做个朋友，如何？"

　　就这样华盛顿收获了一个朋友而不是敌人，从此之后，佩恩成了华盛顿坚定的支持者。

　　如果当时华盛顿选择继续鲁莽冲动行事，事情将会如何发展呢？或许当天愤怒的军官会猛揍一顿佩恩，于是他们可能会受到军纪的惩罚葬送前程。

　　又或者，第二天华盛顿要求和佩恩决斗，那么华盛顿自己可能会有生命危险，甚至还有可能危害无辜者的性命。但华盛顿化敌为友的选择，却让他遵守了纪律，得到了尊重，赢得了朋友。

　　西点军校对所有学员设置了高难度的训练课程，其中有许多课程都不仅仅旨在培养学员的体能，而且是试图培养学员练习在各种状况下保持理智沉着冷静的心态。

　　譬如在拳击和摔跤等方面的训练中，对于新手而言，对方的拳头和招式眼看着就要招呼过来，很多新人难免心慌，于是连基本的躲闪或是已经学会的防守招数都会忘记。经过了严格的训练之后，情况就会有所不同，无论他们面对多么强大的对手，都会保持理智，在对方的狂风暴雨中寻找突破的机会。

　　曾经任职美国巨型企业埃克森公司董事长的利富顿·卡尔是西点军校 1965 年的毕业生，曾经被派遣至越南。

　　在越南待了一段时间之后，卡尔被晋升为陆军中尉，换防至越南中部的一个偏远地区。

117

一天傍晚，他正准备回营帐吃饭，突然一枚炮弹在距离他前方9米的地方轰然爆炸，他的战友在前方高呼："卡尔，我受伤了。"卡尔立即走上前去看，发现他的战友全身是血。这时炮火更为密集了，地方已经展开了一场猛烈的地面攻击。

卡尔跑回营帐，抓起无线电话卧倒在地。在他若干年后的诉说中，曾经提到："当时我卧倒在地，有那么一瞬间完全不知所措。我很害怕，在我过去二十几年的人生中，从未有什么事情威胁到我的生命，而这一次有无数人向我们攻击攻击要置我们于死地。然而我深知，越危险的情况下越需要保持理智……"

卡尔之后的处理可以说有条不紊，他呼叫炮兵营进行火力支持，下令下属士兵进行反击，通知医护人员立即撤出受伤人员……一系列的行动有序开展，防止了太过糟糕的结果。

诗人蒲柏曾经说过："我们航行在生活的海洋上，理智是罗盘，情感是大风。"当时卡尔的恐惧和不知所措的情感就好像大风一般将他的营地吹的岌岌可危。但是理智和清醒的头脑则像是罗盘为他点明了方向，帮助他有条不紊地处理问题。

生活中有时你或许会因为一件很小很小的事情失去理智，然而一旦失去理智，很小的事情却可能造成非常极端的后果。以下这个故事或许会让你唏嘘一番。

1956年，纽约举行世界台球争霸赛，奖金高达4万美元，在当时那是一大笔钱。最后的决赛在两位球坛高手福克斯和狄瑞之间举行。

经过了长时间的拉锯战，福克斯渐渐占据了领先地位，比赛几乎已经可以预见结果，只要福克斯再得几分，比赛就可以宣告结束。

福克斯正要进行最关键的击球，一片安静的台球桌上突然飞来了一只苍蝇落在了主球上。观众席传来轻笑声，福克斯也觉得很有意思，微微一笑走过去轻轻吹走苍蝇，继续把目光盯在主球上。

然而这只苍蝇盘旋了一番又一次落在了主球上，观众席笑声渐渐大了起来，福克斯皱了皱眉走过去再次吹走苍蝇调整状态准备击球。没有料到，这只苍蝇再次回到了主球上，观众席哄堂大笑，福克斯终于无法保持理智的心态，挥起球杆去赶那只苍蝇。

苍蝇被赶走了，但是由于福克斯已经用球杆碰触了主球，按照比赛规则，此轮他没有了继续击球的机会。

他的竞争对手狄瑞牢牢把握了这次机会，连续击球直到比赛结束……狄瑞获得了世界冠军和 4 万美元的奖金，而福克斯在翌日被发现自己结束了自己的生命。

失去了理智，一只苍蝇都可以间接害死一个人，多么令人深思的一个问题。任何情况下，我们都需要让自己的头脑保持在清晰的状态下，对西点的学员而言这一点则更为重要。

有道是：事业常成于坚忍，毁于急躁。美国石油大王洛克菲勒曾经历过一场官司，这是其中的一幕场景：

"洛克菲勒先生，我要你把某日我写给你的那封信拿出来！"对方律师在态度上明显地怀着恶意。这封信是质问关于美孚石油公司的许多事情，而按照法律程序，那位律师并无质问的权利。

"洛克菲勒先生，这封信是你接的吗？"法官问。

"我想是的，法官。"

"你回那封信了吗？"

"我想没有。"然后他又拿出了许多别的信来照样宣读。

"洛克菲勒先生，你说这些信件都是你接的吗？"

"我想是的，法官。"

"你说你没有回复那些信吗？"

"我想我没有,法官。"

"你为何不回复那些信呢？你认识我,不是吗?"那律师问。

"啊,当然,我从前是认识你的!"洛克菲勒平静地回答。

那律师气得近乎发狂,全庭寂静得毫无声息,而洛克菲勒坐在那里纹丝不动。整个案件的受审过程中,在面对对方咄咄逼人的盘问时,洛克菲勒始终持平和的态度,做不动声色的答复,最终他赢得了这场官司。

洛克菲勒当然可以发怒,这也是人之常情,但高情商的他心知肚明：失去理智不会带给他任何好处,对手越怒不同遏,你反而越要保持冷静平和的心态。

曾经有先贤说过："控制情绪保持理智是一种高度的智慧。"所以,当你准备发怒的时候,先想想后果会是什么。如果你知道此时失去理智对你有百弊而无一利,那么请不要逞一时之痛快,你最好约束你自己。约束愤怒并不等于压迫愤怒,而是把愤怒导引为一种行动,用到增进自己的学习和事业上来。

控制情绪、保持理智是一种高度凝练的智慧。著名的成功学大师奥格·曼狄诺对于情绪控制方面曾有过深切的体会。如果你深入领会其中的真谛,并在对待生活的态度上以此为参照,相信用不了多久,你就可以成为情绪的主人。以下就是奥格·曼狄诺有关情绪控制一文的选段：

今天我要学会控制情绪。

潮起潮落,冬去春来,夏末秋冬,日出日落……自然界万物在循环往复的变化中,我也不例外,情绪会时好时坏。

今天我要学会控制情绪。

这是大自然的玩笑,很少有人看得破天机。昨日的快乐变成今日的忧虑,今日的悲伤又转为明日的喜悦。这就好比花朵今天绽放的喜悦也会变成凋谢时的绝望。但是我要记住,正如今天枯败的花蕴藏着明天新生的种子,今天的悲伤也预示着明天的快乐。

今天我要学会控制情绪。

我怎样才能控制情绪,让每天都过得卓有成效呢? 除非我心平气和,否则迎来的又将是失败的一天。花草树木,随着气候的变化而生长,但是我为自己创造天气。

今天我要学会控制情绪。

我怎样才能控制情绪,让每天充满幸福和欢乐? 我要学会这个千古秘诀:弱者任思绪控制行为,强者让行为控制思绪。我必须不断对抗那些企图摧垮我的力量。许多敌人是不易觉察的。他们往往面带微笑而来,却随时可能将我摧毁。对他们,我永远不能放松警惕。

今天我要学会控制情绪。

有了这项新本领,我也更能体察别人的情绪变化。我宽容怒气冲冲的人,因为他尚未懂得控制自己的情绪,就可以忍受他的指责与辱骂,因为我知道明天他会改变,重新变得随和。

今天我要学会控制自己的情绪。

我从此领悟了人类情绪变化的奥秘。对于自己千变万化的个性,我不再听之任之,我知道,只有积极主动地控制情绪,才能掌握自己的命运。我成为自己的主人,我由此而变得伟大。

巴顿将军有一句名言:"头脑清楚有时比勇气更重要。"巴顿带兵向来以敢打敢拼著称,还被赠予了"赤胆铁心"这个名号来形容他打仗时胆儿大心硬。但他在介绍打仗经验时,却并不像外人所形容的那样一味胆大,而是非常强调脑袋清晰理智冷静的重要性。

有一次,巴顿在弗吉尼亚介绍自己的经验时说:

我今天想要告诉大家的是：战争并不仅仅需要勇气，还有智慧和理智。

报纸上把我叫做"赤胆铁心"的老头儿，这个我倒不介意。因为这个封号听上去还算比较酷。但是我必须强调，战争可不是一味靠胆子大的。没有一个军事指挥官可以仅仅依靠勇气或是仅仅依靠机智来打胜仗，应该说，两者缺一不可。

再次提醒大家，战略需要勇气，也需要清晰的大脑。我的话完了。

巴顿在战场上始终贯彻这样的思路。1943 年，巴顿在北非战场指挥作战，当时他面对一项任务是：不惜一切代价占领 396 高地。正当巴顿打算向最近的第 47 步兵团下达命令之际，参谋长告知他一个数据，那就是第 47 步兵团在前面 11 天的战斗里已经伤亡了近四分之一的官兵。巴顿立即致电他的上级说："这样的疲惫之师很难取得冲刺性的胜利。"同时他连夜与参谋团会议确认了一个替代方案并很快占领了 396 高地。

从这件事情同样可以看出巴顿在战场上时刻保持头脑清晰。一般情况下，面对上级下达的"不惜一切代价"的命令，人们通常会头脑一热迅速派遣就近的步兵团。但是在那样的情况下，巴顿仍然保持理智，认真分析局势向上级提出替代方案。如果冲动行事，第 47 步兵团可能覆灭，高地反而可能失去了最佳占领的时机。

任何时候保持理智和冷静、控制情绪是西点军校所倡导的重要法则，也是我们生活中所必须遵循的准则，甚至很多时候，这一点事关人生的重要转折点，不容忽视。

高度自制才能实现高度自由

西点军校 1915 年的毕业生，美国陆军五星上将布拉德利曾经说过:"一个能够自制的思想,才是自由的思想。自由就是力量。有时,为了获得真正的自由,必须暂时努力约束自己。"

高度自制才能实现高度自由,这绝对是男孩们应该奉行的警世格言。男孩,尤其是处于叛逆期的男孩,难免向往自由不羁的生活。然而,在这个世界上,绝对的自由是永远不可能存在的。比如说,你获得了对学习无所谓的自由,就会失去将来选择学校的自由;你获得了生活消极散漫的自由,就会失去将来选择工作的自由;你获得了随意撒谎骗人的自由,会失去家长和老师充分信任充分授权的自由……

这就是为什么赫赫有名的五星上将会劝导后人"为了获得真正的自由,必须暂时努力约束自己"。

西点《集合号》杂志曾刊登学员队司令的一篇文章,专门强调了自制力,文章说:高度自制力是一支优良军队的重要特点,所以,在西点军校,培养自制力非常重要。自制力是军事院校必须为学员灌输的优良品质。如果一个人要想担负领导责任,这种品质是必不可少的;如果一个人要想很好地为国家服务,也必须具备这样的品质。它之所以有这样重要的作用,因为它是一个优秀的人才必备的素质,也是任何人所希望具有的。

男孩们,如何判断和培养自己的自制力呢?或许可以先来做个小小的测试:

你是否会明知功课来不及做却仍然喜欢拖到最后一秒?

你是否常常想要静下来学习却根本控制不住自己静下来?

你是否会因为同学说了几句不好听的话就暴跳如雷?

你是否喜欢和他人争论辩驳不休?

你是否会因为父母没有认同你而想要自暴自弃?

你是否会去做一些明知是错误的事情,即使导致不好的后果也在所不惜?

……

如果以上很多现象你都回答"是"，那么恐怕你就是一个自制力还不够的孩子了。

一个人性格的力量有两种，意志力和自制力。自制力带来成功，而缺乏自制力、情绪化的行为举止、冲动易怒只会带来失败。对于男孩们来说，情绪化、爱争论、无法专心都是缺乏自制力的表现。

喜欢与人争论甚至争到情绪高亢之时就恶语相加是自制力缺乏的一种情况。著名的成功学大师戴尔·卡耐基曾经说过："如果你辩论、争强、反对，你或许有时获得胜利，但这种胜利是空洞的，因为你永远也得不到对方的好感了。天下只有一种方法能得到辩论的最大利益，那就是避免争论。"

威尔逊总统任内的财政部长威廉·麦肯罗以多年政治生涯获得的经验，总结说："靠辩论不可能使无知的人服气。"

一个人本不应强求所有的人同你的观点都一样。即便有一万个人同意你，也不能保证第一万零一个人也同意你，世界上总会有不同的声音存在，你也必须学会接受不同的声音。争强好辩绝不可能消除误会，达成共识。

情绪化的人往往会被认为"不够成熟"，令人产生不好相处、很难和谐交流的感觉。如果带着情绪去想问题或做事情，往往会导致思考问题的片面化或者把事情搞砸，因为情绪本身影响了大脑的正常思维。

一个人如果想要获得成功，那就必须学会摒弃情绪化的习惯，用理智来驾驭自己，用自制力来引导自己。成功之人之所以成功，也并非上天怎么眷顾，秘诀就在于他善于改变看问题的态度来改变命运。人的性格不可以改变，但可以控制和引导。同样，一个人的情绪化或许有先天的因素在其中，但更多是个人对情绪的一种失控和放任，才造成了情绪化的坏习惯。

很年轻时,亚伯拉罕·林肯非常容易激动,十分好斗。后来,他懂得了怎样控制自己,成了最有耐心的人。他谈到自己这方面的性格时,说:"在黑鹰战争期间,我懂得了控制自己脾气的必要性,从那时起,我就养成了耐心的好习惯。"

当林肯在任美国总统时,陆军长官纳德渥德·M.史坦特公然指责林肯是"王八蛋"。因为林肯干涉到了史坦特的职权范围,使他勃然大怒,拒绝执行总统的命令。

为什么骂签署命令的林肯是王八蛋?后来事情发展到什么样的程度呢?当史坦特的话传到林肯的耳朵时,林肯却用沉着的语气说:"如果史坦特说我是王八蛋,那我就是王八蛋,这个男人所说的话应该不会错才对。到底事实是不是照他所说的,我应该去看看究竟如何。"

于是林肯就到史坦特住的地方,而史坦特将命令中有错误的地方读给林肯听,于是林肯立即取消了这道错误的命令。林肯对于他人好意的动机,以及诚恳的批评,都非常乐意接受。

作为一位美国总统,被公然指责为"王八蛋",林肯却依然能够诚恳接受。可见比常人多一点自制,就能够比常人多很多成就。

我们知道,想要成就一番丰功伟绩,超强的忍耐力和自我克制能力必不可少,盲目的冒进和冲动并非真正的勇敢,它只会让你走向失败。要坚定自己的信念,不被任何外来力量所左右,循着既定的目标,历练自己的自制力,相信会更快地带你走上成功的道路。

有个叫艾迪的人,一生气就会跑回家去,绕着自己的房子和土地跑3圈。后来,他家房子越来越大,土地也越来越广,但一生气,他仍绕着房子和土地跑3圈。哪怕累得气喘吁吁、汗流浃背。后来艾迪老了,走路要拄拐杖,生气时他还是围着土地和房子转3圈。

他孙子不解地问:"爷爷,您一生气就绕着房子和土地跑,这里有

什么秘密吗？"

艾迪看了一眼平时也不懂得控制情绪的孙子，耐心劝诫道："年轻时，我不论和人吵架还是争论，只要生气就绕咱家的房子和土地跑3圈。我边跑边想：自己的房子这么小，土地这么少，哪有时间和精力去跟人生气呢？想到这里我的气就消了。气消了，我就有更多的时间和精力去工作和学习了。"

孙子又问："爷爷，现在您老了，也成富人了，为什么还绕着房子和土地跑呢？"

艾迪笑着说："老了生气时，我绕着房子和土地跑3圈，边跑边想：我房子这么大，土地这么多，又何必和人计较呢？一想到这里，我的气也消了。"

故事中的艾迪总是在生气的时候绕着自己的房子和土地跑3圈，其实这也是一种控制自己情绪的好方法。把目光从令你愤怒的事情中转移出来，这样地节制才能使你始终把目光放在成功上，你才能比别人更有机会成功。

世界上最难得的人就是拥有很强自制力的人。威廉·乔治·乔丹曾说过：

"人有两个创造者，一是上帝，另一个是他自己。上帝提供给人的只是生命的原材料，及生活中必须遵守的法则，只有遵守这些法则，才能按照自己的意志创造自己的生活；第二个创造者是他自己，一个人自身拥有非常大的力量，但他很少把它发挥出来。一个人怎样对待自己、塑造自己，这才是真正重要的。

一个人如果屈从于自身的弱点，他就只能受环境的支配；而如果运用自己的力量，就可以改造环境。人活着是做一个成功者，或者做一个失败者，这取决于每个人自己。不论在重大的历史事件中，或日常生活中的最普通的方面，自制力在本质上都是一样的，不同的是程度。一个人只要愿意，就能具备这种力量，就看你愿不愿意付出代价了。

美国石油大亨保罗·盖迪曾经是个烟鬼，每天要抽几十根烟。有一天，他夜宿在一个小城中的旅馆里，深夜里突然想抽根烟，却发现烟盒空了。这时旅馆的小卖部早就关门了，他想要抽到烟必须换好衣服走挺远的路去镇上的火车站买。

外面下着滂沱大雨，保罗的烟瘾却磨得他实在难受。他不得不换好衣服拿上雨伞准备出门。当他打开房门看到倾盆大雨时，突然心中仿佛敲响了一个警钟：

"我这是在做什么？竟然打算三更半夜走上大半小时的路就为了抽一根烟？我平时是个成功的商人，管理着几千人的大公司，我常常要求他们具备自制力，那么我自己呢？一根烟就会让我如此痴迷做出这样疯狂的举动来，我还怎么算得上一个强者？"

保罗思考了半晌，关上门走回房间，换回睡衣以一种解脱的姿态睡在了床上，突然他有一种自由和解脱的感觉。原来只要他下决心，只要他具备足够的自制力，就没有什么事情或事物能够绑架他的行为。他突然觉得这样才算一个真正的强者。

高度的自制才能拥有高度的自由。这也就印证了歌德的一句名言："**一个人不能控制自己，就不能控制他人。只有先控制自己，才能控制他人。**"

自制力是人们最重要的品质之一，自制力对于人们的意义就好像方向盘和刹车与汽车的关系。如果汽车没有了方向盘，就无法朝着正确的方向行驶；如果汽车没有了刹车，就无法在该停止的时候停止，最终结果要么是停滞不前，要么就是撞得头破血流。

当一个人面对自己不愿意但必须去做的事情时，仍然能够平静处

理,这才是真正的强者。当一个人遭受巨大的痛苦,不断努力却依然无望的时候,却依然能够默默承受,屹立不倒,这才是真正的英雄。

奥里芬特夫人曾说:"成功的秘诀在于懂得怎样控制自己并超越自己。假使你懂得怎么支配自己,你就是一个最成功的自我教育者。在我眼里,只要你能控制自己,你就是一个有修养的人;如果不能做到这一点,那么所有的教育都会成为一句空话。"

作为一个渴望最终能成功的人来说,哪怕是一件小事,你也要懂得自制。因为只有在小事面前学会自制,才可能在面对大事的情况下控制好自己。为此,为了能早日成为自己生活的主人,我们应常常反省自己,看看自己的弱点究竟在哪里,究竟是什么阻碍了你走向成功。

自私、虚荣、易怒、暴躁、懒惰之类的弱点,不论它们以哪种方式存在着,都必须发现它们并努力控制住自己。当这些弱点想再次显现的时候,告诉自己,要控制它,不再让它们成为你成功道路上的绊脚石。

西点军校五星上将:麦克阿瑟

Chapter 8

信　　念

信　　念

　　西点人相信信念的力量。每个学员在进校之初就会受到一系列的荣誉教育、纪律教育等，其目的就是要在学员心中强调军校的校训——责任、荣誉、国家，树立一个军人坚定的目标与信念。

　　信念，给了弱者以勇气，给了气馁者以希望，给那些强者以更强大的力量。一个没有信念支撑的人，往往就没有坚韧的品格，一旦遇到困难就轻言放弃。

　　一个人不能没有信念，一个军人更不能没有信念，信念就如同一股神奇的力量，推动西点学员向着既定的目标前进。

　　有一个法国人，年届42岁时，仍一事无成。他也认为自己简直倒霉透了：离婚、破产、失业……他不知道自己生存的价值和人生的意义。他对自己非常不满，变得古怪、易怒，同时又十分脆弱。有一天，一个吉卜赛人在巴黎街头算命，他无聊地走过去，决定试一下。吉卜赛人看过他的手相之后，说："您是一个伟人，您很了不起！"

　　"什么？"他大吃一惊，"我是个伟人，你不是在开玩笑吧？"

　　吉卜赛人平静地说："您知道您是谁吗？"

　　"我是谁？"他暗想："我是个倒霉鬼，是个穷光蛋，我是个被生活抛弃的人。"但他仍然故作镇静地问："我是谁呢？"

　　"您是伟人，"吉卜赛人说，"您知道吗，您是拿破仑转世！您身体流的血、您的勇气和智慧，都是拿破仑的啊！先生，难道您真的没有发

觉,您的面貌也很像拿破仑吗?"

"不会吧……"他迟疑地说,"我离婚了,我破产了,我失业了,我几乎无家可归……"

"那是您的过去,"吉卜赛人说,"您的未来可不得了! 如果您不相信,就不用付钱给我了。不过,五年后,您将是法国最成功的人! 因为,您就是拿破仑的化身!"

他表面装作极不相信地离开了,但心里却有了一种从未有过的美妙感觉,他对拿破仑产生了浓厚的兴趣。回家后,他想方设法寻找与拿破仑有关的著述来学习。渐渐地,他发现,周围的环境开始改变了,朋友、家人、同事、老板,都换了另一种眼光看待他;事业开始顺利起来。后来,他才领悟到,其实,一切都没有变,是自己变了:他的气质、思维模式,都在不自觉地模仿拿破仑,就连走路、说话都像极了他。13年以后,也就是在他55岁的时候,他成了亿万富翁,成了法国赫赫有名的成功人士。

原本在中年仍然一事无成的法国人,通过13年的时间竟然成了赫赫有名的成功人士,这一切就是信念的力量。吉卜赛人断言他是拿破仑的化身,虽然一开始法国人持着怀疑的态度,但是却开始不自觉地学习许多拿破仑的知识,在不经意间模仿拿破仑。久而久之,大家都换了另一种眼光看他,他也渐渐地把原本的想法变成了信念。因为这个"我就是拿破仑的化身"的信念,他成功了。

人的信念就是如此神奇,它拥有一种由愿望产生的,因为愿意相信才会相信,希望相信才会相信的力量。而只有拥有了坚定的信念,才能运用这神奇的力量。这种力量不断地创造我们的生活,使我们按照它行事。

西点的教官们十分注意在平时的训练中对学员强化"一定能成功""任务一定能完成"之类的信念。他们相信,通过这类信念在学员心中的不断强化,学员会渐渐变得坚韧自信,产生一种无论如何也要完成任务,赢得胜利的力量。

人的潜力无穷,如果你对自己有足够的信心,如果你有坚定的信念,并且从不放弃这个信念,你就会发现自己原来拥有这样的潜力,原来自己可以做到许多事情。

15 世纪,人们知道地球是圆的,但还不知道它有多大、大海有多宽。25 岁的哥伦布站在葡萄牙的海岸上想:只要这茫茫大海比马可·波罗跋涉过的陆地窄一些,我就有能力到达那里,有必要搞一艘船到那盛产黄金和香料的东方大陆去发迹。通过阅读托勒密的《地理学》,他得知,欧亚大陆占据了北半球的一半,从葡萄牙出发,横跨大西洋,必定能到达印度;皮埃尔·阿伊利的《世界形象图》告诉他,隔在印度和欧洲之间的大洋不算宽,顺风航行,要不了几天就能穿越,他激动地在书上作了 2 000 多个旁注;马可·波罗,他的意大利老乡,说中国、印度和日本遍地都是香料,黄金用来盖房子、做窗框,他在《马可·波罗游记》上写了 200 多个眉批;《旧约》也成了他的参考书,其中有一句话:“你应将水集合于大地的第七部分,使其余的六部分干涸。”哥伦布据此推测:欧、亚、非三个大陆占了地球表面的七分之六,海洋只占七分之一,因此,马可·波罗走过的是一条费力不讨好的路,人们望而生畏的海路其实近得出奇;他还听海员们说,偶尔有浮尸随着海风和洋流漂来,看起来既不像欧洲人、又不像非洲人。这一切激励着哥伦布的狂想。很少有人像他这样,对种种猜测和传闻那么信以为真。他刚刚脱离海盗生涯,穷困潦倒,却成天想着漂洋过海,想着无穷的黄金和显赫的地位。

他是当真的。他在葡萄牙踏踏实实地提高航海技术,熟悉各种新型航海仪器,学习现有的海图、探险故事和游记。26 岁那年,他参与了前往冰岛的远航,这次探险成功后,他比过去更加藐视大西洋了。现

在他需要征服的是拥有财富和权势的人，他自己当一辈子海员或海盗也无力组织起一支海上远征军。

他向葡萄牙王室兜售幻想中的黄金国，要价很高：要求封他为佩戴金马刺的骑士、在他和他的继承人的姓名前冠以表明贵族身份的"堂"字、授予他海洋大将军头衔、任命他为殖民地的终身总督、从殖民地搜刮来的财富中分给他十分之一……葡萄牙王室对此计划考虑了四年，然后把它否决了。在这四年中，他的妻子去世了，他的儿子长大了。他带着儿子、航海图、某人的推荐信以及日益疯狂的雄心壮志，又前往西班牙王国。

在巴洛斯港登陆时，这父子俩衣衫褴褛、污渍斑斑，一副叫花子的模样，事实上他们的处境已经和叫花子一样了，他们连住店的钱都没有，只好在修道院借宿。见到国王时，哥伦布把符合自己想象的世界地图拿出来，试图引起国王的兴趣。国王让他回去等，他就在焦灼中苦熬着，靠宫廷的施舍和卖书报的微薄收入度日。当王后托人捎给他一笔钱、让他打扮得体面些去见国王时，又是六年过去了。

西班牙国王愿意为他组建一支船队。但是，哥伦布提出的条件让王室成员啼笑皆非，他，一个穷途末路的乞丐，竟然想一下子成为贵族、总督，将来还要和国王一起瓜分殖民地的财富。他一无所获地离开了西班牙王宫。他准备去游说另一个国家、经历又一场"可怕的、连续的、痛苦而长期的战斗"，再荒废不知多少年的生命，直到狂想变为现实。在离开西班牙的路上，王后的使者追上了他，把他召回了王宫。然后，王室与他签订了开拓殖民地的协议，接受了他所有的条件。原来，在西班牙的内战和扩张中，许多功勋卓著的骑士和军人需要用土地来赏赐，王室没有足够的土地，哥伦布的疯狂计划，正好有助于解决这个问题。

有位名人曾经说过："一个有坚定信念的人，胜过一百个只有兴趣的人。"在我们的生活中,我们经常会遇到这样的人,他们失去了所有的物质财富,甚至身无分文,但是他们有着坚定的信念,有着对自己的信心和对成功的渴望。这样的人不会是真正的失败者,甚至是笑到最后的赢家。

通往成功的路程就像一场谁都能参加的马拉松比赛,开始参加的人很多,但是因为路途的漫长艰辛,绝大多数的人都放弃了,最终达到胜利的终点的只有寥寥数人。而这些人能够坚持下来,就是因为他们心中的信念!他们知道,在遭受挫折的时候,一旦放弃,也就永远远离了成功。

西点的军官常说:别人都已放弃,自己还在坚持;别人都已退却,自己依然向前;只要拥有信念,哪怕前途依然坎坷,依然看不见光明,哪怕自己总是孤独、坚韧地奋斗着,你总是会到达成功的。

但人有时总是会产生一种惰性,会退让、会逃避、会放弃,而信念就是防止人产生这种惰性的良方。

那些为了信念全力以赴,不给自己失败的退路的人往往是最容易获得成功的。

很多人在一开始遭受到挫折的时候就放弃了,甚至早在一开始就为自己想好了失败之后的退路,这样的人永远都不会有什么成功,只会与目标渐行渐远。但是只要你拥有坚定的信念,你就不会因为挫折和困难而放弃既定的目标,不会觉得成功的希望渺茫,因为你的信念就是你的希望。

所有的成功者都必定有着坚定的信念。信念犹如是人生路上的加油站,为你最终达到目标提供源源不断的能量。西点军校相信:树立并始终保持必胜的信念,就一定能成为最终的胜利者。

理　　想

在美国西点军校的教材里,有这样一个故事:

一支远征军正在穿过一片白茫茫的雪城,突然,一个士兵痛苦地捂住双眼:"上帝啊! 我什么也看不见了!"没过一会儿,几乎呈几何级数增加的士兵都身不由己地患上了这种怪病。

这件事在军界掀起了轩然大波,直到后来,才真相大白——原来致使那么多军人失明的罪魁祸首居然是他们的眼睛,是他们的眼睛在不知疲倦地搜索世界,从一个落点到另一个落点。如果连续搜索世界而找不到任何一个落点,眼睛就会因过度紧张而导致失明。在白茫茫的一片雪城中,士兵的目光因找不到一个落点,找不到一个确定的目标,而导致眼睛失明,致使眼前一片黑暗。

一个人不能没有目标,同样也不能有太多的目标,两者都会使你的理想找不到一个固定的落点,心灵因找不到一个确定的目标而变得盲目,致使人生陷入一片黑暗。

"责任、荣誉、国家"是西点军校的校训,也是西点向学员反复强调的。而军人是依托于国家和社会的,所以西点也要求学员必须建立使命感,一种高于社会道德的责任与理想。

爱迪生 10 岁时迷上了化学,他在地窖里做实验,陶醉于五颜六色的试剂、炸药和毒药,以及两百多个拣来的玻璃瓶。他家境并不富裕,不能全心全意地学习。12 岁时,他开始在火车上卖报,兼做水果、蔬菜生意。

他知道自己真正想做的是什么。他用卖报、卖水果、卖蔬菜挣的钱买化学试剂和实验用品。他明白,小买卖不能让自己出人头地,做实验却能。晚上,他回到做实验的地窖时,已经精疲力竭。这种生活很容易消磨人的意志,许多人的理想就是这么无奈地泯灭的。如果爱迪生也这样,他就不会成为我们熟知的爱迪生了。他没有迷失在谋生的日子里,他打听到火车上有一间休息室空着,就向列车长借用了它。它把实验器材和药品搬到了火车上,不顾人们的惊讶和讥笑。实验和小买卖不可能同时做,为此,他找了一些喜欢免费旅行、又想挣零花钱的小孩帮他卖东西。就这样,在火车上建实验室这个匪夷所思的想法,被这个执著的家伙一步一步地实现了。

他做过 4 年报务员,工作繁忙,这期间,他也没有放弃自己的理想。他换了 10 个工作地点,其中 5 次被解聘、4 次主动辞职,都是由于他过分迷恋实验和读书。斯特拉福特枢纽站规定,值夜班的报务员必须每小时发一个信号证明自己没有睡着,爱迪生没有睡意,他只想抽空做做自己的实验,为了集中精力做实验、让电报机自动发信号,他就把闹钟和它连在一起。总局的人一度被这个报务员的敬业精神折服——从他那儿发来的信号,竟然连一秒钟也不差。但是当他们发现真相后,轰走了他。

一直到 21 岁,他还是一个报务员。成为伟大发明家的理想不仅没有磨灭,反而与日俱增,迟迟不成功又给他带来了强烈的危机感。他疯狂地投入"二重发报机"的实验,上司认为他异想天开、存心捣乱,说"连笨瓜也知道一个人不可能同时发两份电报",但他坚信这种东西不仅能为人类造福,还是他在世界上扬名立万的好机会。

二重发报机在几年以后才得到人们的肯定。爱迪生不满足于报务员的高薪,也不满足于用锡箔和电流杀死偷吃午餐的蟑螂,来为他在小圈子里赢得赞誉。他辞掉工作,借钱搞发明,饱尝焦虑和挫折。

他曾经向国会推荐能够提高效率的投票机，政客们说：投票不需要效率。投得慢点，反而对政治有好处。他曾经到处兜售电报印刷机、极化继电器这些小发明，但是一点前景也看不到。这番挣扎使他认识了不少人，有人曾经鼓励他，但更多的人把他当成一个发疯的乡巴佬。在不得志的郁闷中他继续摸索，他喝白开水、啃硬面包，屋子像鸡窝一样乱，在困境中挣扎着。

在二重发报机的研究中，爱迪生欠了一屁股债，为了躲债他逃到纽约。他上岸时肚子是空的，口袋也是空的。他找了一份工作，很快当上了总工程师。他没想到改变自己命运的是"普用印刷机"。这个发明被他卖给了华尔街的一家大公司的经理，他觉得 5 000 美元应该差不多了，谁知那位经理的报价居然是 40 000 美元。爱迪生强压着狂喜接受了这个价格。从此他成了自己的主人，他用这笔钱开设了工厂，经营有方，为以后从事更伟大的发明创造了条件。

达尔文出生在英国的施鲁斯伯里。祖父和父亲都是当地的名医，家里希望他将来继承祖业，16 岁时便被父亲送到爱丁堡大学学医。

但达尔文从小就热爱大自然，尤其喜欢打猎、采集矿物和动植物标本。进入医学院后，他仍然经常到野外采集动植物标本。父亲认为他"游手好闲""不务正业"，一怒之下，于 1828 年又送他到剑桥大学，改学神学，希望他将来成为一个"尊贵的牧师"。达尔文对神学院的神创论不感兴趣，仍然把大部分时间用在听自然科学讲座，自学大量的自然科学书籍上。热心于收集甲虫等动植物标本，对神秘的大自然充满了浓厚的兴趣。同样他也遭到父亲的斥责："你放着正经事不干，整天只管打猎、捉耗子，将来怎么办？"父亲认为他所做的研究都是在整天玩乐，在做毫无前途的研究。甚至在小时候，所有的老师和长辈都认为达尔文资质平庸，与聪明是沾不上边的。

但就是这个被认为资质平庸的达尔文，凭借自己对自然科学的一腔热情和坚忍不拔的研究精神，最后写成了《物种起源》，成就了自己的"进化论"，成为了举世闻名的自然科学家。

可以说，人类的社会就是被理想推动向前的，先有梦想才有理想的实现。

因为梦想着能像鸟儿一样自由飞翔，所以人们不断地尝试与努力，终于在 1903 年，莱特兄弟发明了人类历史上第一架飞机，让人类能自由翱翔在天空的梦想向前迈进了一大步。再到后来，我们勇敢的罗杰斯先生驾驶飞机飞越了欧洲大陆，让所有的人都看到了人类飞翔的可能。

因为渴望能快速地在各地之间传送信息，所以电报被发明了，无线电被发明了，电话也被发明了，即使相隔千里，即使在一望无垠的汪洋上，我们都可以沟通无阻。

人们因渴望而有了理想，因理想而有了信念，因信念而发生了奇迹。曾经是人类的梦想，也曾经被许多人嘲笑为不可能的事情，但是，它们现在都实实在在存在于我们的生活中了。

西点人尊重理想，他们甚至把理想比喻为人生航船的舵，而信念是船上的帆。在西点的教育中也包含着理想的教育，每个学员都必须有自己的理想，并矢志为此而奋斗。

约翰有 7 个兄弟姐妹，他父亲是路易斯安纳州的黑人佃户。约翰从 5 岁就开始工作，9 岁时会赶骡子。这些一点也不稀奇，因为佃农的孩子大多在年幼时必须工作，他们对于贫穷十分认命。幸运的是，约翰有一位了不起的母亲，她始终相信一家人应该过着快乐且衣食无忧的生活。她经常和儿子谈到自己的梦想。

"我们不应该这么穷，"她时常这么说，"不要说贫穷是上帝的旨意。我们很穷，但不能怪上帝。那是因为爸爸从来不想追求富裕的生

活,家中每一个人都胸无大志。"

没有一个人不想追求财富。母亲的话深深地扎根在约翰的心中,以致最终改变了他的一生。

约翰一心向往跻身富人之列,于是开始追求财富。他认为推销东西是最快的致富捷径,并且选择挨家挨户推销肥皂。终于凭借辛苦的劳动,他有了一些积蓄。12 年后,他得知供货的公司即将被拍卖,底价是 15 万美元,就去同供货的公司商谈收购接手事宜。谈判的结果,他用积蓄的 25 000 美元作为定金,答应在 10 天内筹足余款 125 000 美元。合约中还规定,若逾期未补齐余款,将没收定金。

约翰的工作态度认真,极受客户肯定。现在他需要帮忙,大家都十分乐意帮助他。他向朋友、客户、信托公司及投资集团筹钱,到了第 10 个晚上,他筹到了 115 000 美元,但还差 1 万美元。

约翰觉得自己已经想尽所有的办法。时间不早了,房里一片漆黑,约翰跪下来祈祷,请求上帝指引。

让谁能在时限内借我 1 万美元? 约翰反复问自己。最后他决定开车沿着第 61 街走下去,看看有没有机会。

当时是深夜 11 点,约翰沿着第 61 街走下去。过了几个路口,终于看到一家承包商的办公室里还有灯光。约翰走了进去,那位承包商正埋头办公,由于熬夜加班,已经疲惫不堪。

约翰和他略有交情,他鼓起勇气:"你想不想赚 1 000 美元?"约翰直截了当地问。

那位承包商回答:"想,当然想。"

"借我 1 万美元,我会外加 1 000 美元红利还给你。"约翰告诉那位承包商,还有哪些人借钱给他,并且详细说明整个投资计划。凭着约翰平日的信誉以及他周密而切实可行的发展计划,他顺利地借到了 1 万美元。

其后,他不但从接手的公司获得可观的利润,并且还陆续收购了 7

家公司,其中包括 4 家化妆品公司、一家制袜公司、一家标签公司及一家报社。

后来,有人请他谈谈成功的秘诀,他用多年前母亲的话回答:"我们很穷,但不能怪上帝,那是因为爸爸从来不想追求富裕的生活,家中每一个人都胸无大志。"

无论现在的境况如何,每个人都可以展望自己的未来,只要明天还没有来到,你就永远可以为了明天能达成理想而奋斗不止。

如果一个人胸无大志,那是可怕的。他因为没有人生的目标,将会碌碌无为甚至糊涂地度过一生。人不能没有理想,一旦失去理想,人便失去了斗志,精神变得萎靡,那就不可能再取得任何的进步。

雄鹰不是在最初就拥有了强健的翅膀,是因为它们拥有了强烈的向上的愿望,才生长出了翅膀。最后,经过千万年的演变进化,才发展成我们现在所看到的雄鹰,拥有强健的双翼,双翼两端之间的距离足有 7 英尺长。只有拥有这样强烈的向上的愿望,才能拥有如此强健的双翼;只有拥有了这样强健的双翼,雄鹰才能飞得更高更远。

约翰·弥尔顿在小时候,就已经梦想要写一部流传后世的伟大史诗了。他那儿时的蒙眬梦想变成了青年时代的执著追求。不论是学习还是游历,经过成年时的风风雨雨,理想的火炬从没在他的心头熄灭。他在年迈体衰、双目失明后,终于实现了少年时的梦想。经历几个世纪后,《失乐园》这部伟大史诗的优美旋律还是令人荡气回肠。这位不朽的诗人,当他悄然告别人世时,他的嘴角里吐出的是这句话:"美好的梦想引导我们前行。"

但仅仅只有理想是不够的,理想必须付诸行动,如果没有行动,那理想永远只是空想,只是空中楼阁、海市蜃楼,那么遥不可及。只有合

理的梦想才能赋予我们灵感,只有在行动之前有一个关于梦想和实现梦想的框架才是有意义的。

在每个人的灵魂里都埋藏着一个理想。我们的理想让我们从无知走向文明,从愚昧走向神圣,从平凡走向高尚。如果没有理想,人类的历史必定是枯燥无味甚至停滞不前的。

做一个有理想,并且正在为之不断努力的人。只有找准了自己的方向,才能开创真正成功的人生。

西点军校的操场

实现目标

一个人不能没有理想,理想就是我们要为之奋斗终生的目标。凭借坚定的信念和无畏的勇气一路披荆斩棘,克服一切困难和外界的诱惑,最终实现自己理想的人是真正的勇士。

但通向目标的路途是漫长且艰辛的,突如其来的困难总会熄灭我们原本的勃勃雄心。要保持一开始的热情,不断向着目标前进,是需要方法的。西点人通过多年的经验积累,形成了自己实现目标的步骤。

首先,你必须找出达成目标或是解决问题的关键之处。找到了关键,往往也就等于成功了一半。

故事发生在美国鞋业大王、实业家罗宾·维勒的工厂里。当时,罗宾的事业刚刚起步。为了在短时期内取得最好的效果,他组织了一个研究班子,制作了几种款式新颖的鞋子投放市场。结果订单纷至沓来,工厂生产忙不过来。

为了解决这个问题,工厂想办法招聘了一批生产鞋子的技工,但还是远远不够。这可怎么办,如果鞋子不能按期生产出来,工厂就不得不给客户一大笔赔偿。

于是罗宾召集大家开会研究对策。主管们讲了很多办法,但都不行。这时候,一位年轻的小工举手要求发言。

"我认为,我们的根本问题不是要找更多的技工,其实不用这些技

工也能解决问题。"

"为什么?"

"因为真正的问题是提高生产量,增加技工只是手段之一。"

大多数人觉得他的话不着边际,但罗宾很重视,鼓励他讲下去。

他怯生生地提出:"我们可以用机器来做鞋。"

这在当时可是从来没有过的事,立即引起大家的哄堂大笑:"孩子,用什么机器做鞋呀,你能制造这样的机器吗?"

小工面红耳赤地坐下去了,但是他的话却深深触动了罗宾,他说:"这位小兄弟指出了我们的一个思想盲区:我们一直认为我们的问题是招更多的技工,但这位小兄弟却让我们看到了:真正的问题是要提高效率。尽管他不会制造机器,但他的思路很重要。因此,我要奖励他500美元。"

那可是一笔不小的奖金,相当于小工半年的工资。但这笔奖励是值得的。老板根据小工提出的新思路,立即组织专家研究生产鞋子的机器。4个月后,机器生产出来了,世界从此进入用机器生产鞋子的时代。罗宾·维勒也由此成为美国著名的鞋业大王。

罗宾·维勒在自传中谈到这个故事时,特别强调说:"这位员工永远值得我感谢。这段经历,使我明白了一个十分重要的道理:遇到难题,首先是对问题进行界定。假如不是这位员工向我指出我的根本问题是提高生产率而不是找更多的工人,我的公司就不会有这样大的发展。"

当人们都把提高生产效率的焦点锁定在增加技术工人的时候,小工却想到了用机器生产鞋来提高效率。

找到达到目的的关键,寻找真正需要解决的问题,往往能够帮助一个人更快更好地达成目标,实现理想。

然而,经过漫长的努力,与理想仍然有一段距离,我们的信心往往开始受挫,甚至怀疑自己的理性和能力。这时,人进入了一个懈怠期,提不起干劲。所以,这时我们就必须要学会把一个宏大的人生目标分解成一些阶段性的目标,再把阶段性的目标分解成一个个小目标。

一位名叫希瓦勒的乡村邮递员,每天徒步奔走在各个村庄之间。有一天,他在崎岖的山路上被一块石头绊倒了。

他发现,绊倒他的那块石头样子十分奇特。他捡起那块石头,左看右看,有些爱不释手。

于是,他把那块石头放进自己的邮包里。村子里的人们看到他的邮包里除了信件之外,还有一块沉重的石头,都感到很奇怪,便好意地对他说:"把它扔了吧,你还要走那么多路,这可是一个不小的负担。"

他取出那块石头,炫耀地说:"你们看,有谁见过这样美丽的石头?"

人们都笑了:"这样的石头山上到处都是,够你捡一辈子。"

回到家里,他突然产生一个念头,如果用这些美丽的石头建造一座城堡,那将是多么美丽啊!

后来,他每天在送信的途中都要捡几块好看的石头,不久,他便收集了一大堆。但离建造城堡的数量还远远不够。

于是,他开始推着独轮车送信,只要发现中意的石头,就会装上独轮车。

此后,他再也没有过上一天安闲的日子。白天他是一个邮差和一个运输石头的苦力,晚上他又是一个建筑师。他按照自己天马行空的想象来构造自己的城堡。

所有的人都感到不可思议,认为他的大脑出了问题。

二十多年以后,在他偏僻的住处,出现了许多错落有致的城堡,有清真寺式的、有印度神教式的、有基督教式的……当地人都知道有这样一个性格偏执、沉默不语的邮差,在干一些如同小孩建筑沙堡的

游戏。

1905年，法国一家报社的记者偶然发现了这群城堡，这里的风景和城堡的建造格局令他慨叹不已。为此写了一篇介绍希瓦勒的文章。文章刊出后，希瓦勒迅速成为新闻人物。许多人都慕名前来参观，连当时最有声望的大师级人物毕加索也专程参观了他的建筑。

现在，这个城堡已成为法国最著名的风景旅游点之一，它的名字就叫"邮递员希瓦勒之理想宫"。在城堡的石块上，希瓦勒当年刻下的一些话还清晰可见，有一句就刻在入口处的一块石头上："我想知道一块有了愿望的石头能走多远。"

据说，这就是那块当年绊倒过希瓦勒的第一块石头。

当希瓦勒刚刚有了用石头建造一座美丽城堡的念头时，大家都嘲笑他，认为那是不可能实现的妄想，但结果却让所有嘲笑他的人大跌眼镜。一座座错落有致而风格各异的城堡展现在众人面前，而这一切，仅仅是从有了第一块石头之后产生了愿望开始的。

每天捡一些石头、堆一些石头，终有一天能堆砌成理想的宫殿；每天多努力一点，每天多做一点，每天完成一个小的目标，终有一天也能实现自己的伟大理想。

这样不仅能持之以恒地每天向理想迈进，更能让你每天都体会到成功的喜悦，不断地激励自己前进，更好地投入第二天的努力中去。渐渐地，你的倦怠情绪将消失不见，取而代之的是更大的信心和激情。

运用合理的方法来达到自己的目标，一个人才能比别人走得更快、更远、更好。

Chapter 9

团　　　队

团 队 精 神

西点学员日常流行一句话："精诚团结直到毕业。"这与美国陆军中流行的"同志间要友谊和忠诚"十分相似。

在西点军校,大家所信奉的是："我们这样团结起来可以创造一种集体观念的气氛。"军官在人行道上相遇,总是彼此问候致意;学员总是自觉地帮助学习较差的同学;如果某人汽车坏在路上,毫无疑问,过路者一定会伸出援助之手。这是一种基本素养,是西点军校长时间形成的习惯。

黑格将军在尼克松政府里举足轻重,他从基辛格的副手一跃成为尼克松的右臂,成功的要素是夜以继日的艰苦工作,出众的参谋技能,与上司亲密无间的能力,与政客们搞政治游戏的第六官能,还有一点,就是西点的团体精神和团体协力作风。这位西点毕业生的助手几乎是清一色的西点人,他们共同努力,即黑格常挂在嘴边的"直率、诚实、讲团结,并以此来证明,这就是西点人的本质",赢得了事业的成功。

黑格将军曾自豪地说："西点军校是一个团结一致的优秀典范,美国就是根据这种精神,制定与执行国家各项政策的。"

训练团队意识。你代表的不是个人,而是一个团队。实际上,精诚团结使西点获得了意想不到的成就和荣誉。一个有着悠久历史,有着光荣传统,名人辈出的教育团体,一个始终以集体精神、团结一致进

行灌输的团体,逐渐形成了一种社会网络,以至在美国的各行各业都能体现出来。西点人用西点人,帮西点人,成就西点人,光大西点的影响,几乎成为西点人的自觉行动。

所有的西点人都有着高度的团队意识,他们明白无论是否在战场上,拆散的箭总比捆起来的箭易折。

一个老人不久将离开人世,他把三个儿子召唤到病榻前说:"亲爱的孩子,你们试试能否把这捆箭折断,我还要给你们讲讲它们捆在一起的原因是什么。"

长子拿起这捆箭,使出了吃奶的力气也没折断,"把它交给力气大的人才行。"他把箭交给了老二。二儿子接着使劲折,也是白费力气。小儿子想来试试也是徒劳,一捆箭一根也没折断。

"没有力气的人,"父亲说,"你们瞧瞧,看看你们父亲的力气如何?"三个儿子以为父亲在说笑,都笑而不答,但他们都误会了。老人拆开这捆箭,毫不费劲地一一折断。

"你们看,"他接着说,"这就是团结一致的力量。孩子们,你们要团结,用手足情意把你们拧成一股绳。这样,任何人、任何困难都打不垮你们。"老人感到自己就要撒手归西了,又对孩子们说:"孩子们,记住我的话,你们要始终团结,在临终前我要得到你们的誓言。"三个儿子一个个都哭成了泪人,他们向父亲保证会照他的话去做。父亲满意地闭上了双眼。

三兄弟清理父亲的遗物时,发现父亲留下了一笔丰厚的财产,但留下的麻烦也不少,有个债主要扣押财产,另一个邻居又因为土地要和他们打官司。

开始时,三兄弟还能协商处理,问题很快解决了。然而,各自的利益又促使他们吵着要分家。此时,债主和邻居都提出申诉,重新翻案。不团结的兄弟内部分歧更大了,互相使坏,最后他们丢失了全部家产。

当想起捆在一起又被拆散的箭和父亲的教诲时，他们都后悔莫及。

很多时候，别人尊重你或对你有所忌惮，并不是因为你本身，而是顾虑你所在的强大团队。如果你脱离了所在的团队，可能就会发现原来自己其实是非常弱小的。

团结就是力量，即使很多微小的力量凝聚在一起有时也会产生很大的能量。

每到秋天，当你见到雁群为过冬而朝南方飞去的时候，你是否想过它们为何以"人"字队形飞行呢？

其实这是有道理的。当前面一只鸟展翅拍打时，其他的鸟可以更省力地跟上。借着"V"字队形，整个鸟群比每只鸟单飞时，至少增加了71％的飞行能力。

分享共同目标与集体感的人们可以更快、更轻易地到达他们想去的地方，因为他们凭借着彼此的冲劲、助力而向前行。

当一只野雁脱队时，它立刻感到独自飞行时的迟缓、拖拉与吃力。所以很快又回到队形中，继续利用前一只鸟所造成的浮力。如果我们拥有像野雁一样的感觉，我们会留在队里，跟那些与我们走同一条路，同时又在前面领路的人在一起。

当领队的鸟疲倦了，它会轮流退到侧翼，另一只野雁则接替飞在队形的最前端。轮流从事繁重的工作是合理的，对人或对南飞的野雁都一样。飞行在后的野雁会利用叫声鼓励前面的同伴来保持整体的速度。

最后——而且是重要的——当一只野雁生病了，或是因枪击而受伤，从而掉队时，另外两只野雁会脱离队伍跟随它，来帮助并保护它。它们跟掉队的野雁到地面，直到它能够重上蓝天或者死去。而且只有在那时，另两只野雁才会离去，或跟随另一队野雁飞走。

如果我们拥有野雁的感觉,我们将像它们一样互相扶助。

布莱克说过:没有一只鸟会飞得太高,如果它只用自己的翅膀飞升。所有的人都因在团队中得到互相的扶持而比单独奋战达到更高的目标。

除了强调团队意识,队员间互相扶持之外,西点还要求学员共同承担责任。军队是一个整体,一个人犯错,也会导致整个军事行动失败,所以在西点军校内,经常是一个人犯错,全小队一起受罚。

或许一开始许多人会觉得不公平,但是西点军校却一直沿袭着这个传统。这样做的目的并非为了惩罚谁,而在于强调每个人都是军队中的一员,每个人都应为自己的行为负责,并且也有义务监督或扶持其他人。

西点军校的灯塔

■ 善 于 合 作

军队是一个有组织有纪律的团体,需要共同协作以达到胜利的目标。西点军校正是意识到了这一点,所以学员在校期间,十分注重学员间的合作,训练学员的合作能力,并把"善于合作"写入了自己的军规之中。

从前,有两个饥饿的人得到了一位长者的恩赐:一根钓竿和一篓鲜活硕大的鱼。其中一个人要了一篓鱼,另一个人要了一根钓竿,然后,他们分道扬镳了。

得到鱼的人原地就用干柴搭起篝火煮起了鱼,他狼吞虎咽,还没有品出鲜鱼的肉香,转瞬间,连鱼带汤就被他吃了个精光。不久,他便饿死在空空的鱼篓旁。

另一个人则提着钓竿继续忍饥挨饿,一步步艰难地向海边走去。可当他已经看到不远处那蔚蓝色的海洋时,他浑身的最后一点力气也使完了,他也只能眼巴巴地带着无尽的遗憾撒手人间。

又有两个饥饿的人,同样得到了长者恩赐的一根钓竿和一篓鱼。只是他们并没有各奔东西,而是商定共同去寻找大海。他俩每次只煮一条鱼,经过遥远的跋涉,终于来到了海边。从此,两人开始了捕鱼为生的日子。几年后,他们盖起了房子,有了各自的家庭、子女,有了自己建造的渔船,过上了幸福安康的生活。

合作使人生存,合作使人扬长避短以达到结果的最优化。在战场上,缺乏合作的部队就好比一盘散沙,各自为营,最终只会被各个击破。所以在西点军校,十分强调学员适应团队合作的能力,甚至要求学员学会合作以毕业。

西点军校要求学员:有什么事大家要通风报信;训练中常有必须一组人才能完成的任务;在训练中还会出现因你的同伴"死亡",你将不得不一个人面对几个敌人的情况。创造一个"共同"的敌人,教官有意识地与学员处于"敌对"状态,增加军校的紧张,令学员更加团结……

这一切的措施,都是为了让学员在校期间能学会合作,在今后无论是战场或是生活中都能成为团队中的一员。一个团结的团队才是有力量的团队。在企业中,合作也十分必要,扬长避短,发挥自己的最大效能,才能高效完成任务。

管理学中有这样一个木桶原理:一个木桶由许多块木板组成,如果组成木桶的这些木板长短不一,那么这个木桶的最大容量并不取决于最长的那块木板,而是取决于最短的那块木板。

虽然木桶中其他的木板都很长,但是只要有一块木板是非常短的,那么当我们往木桶中加水的时候,水涨到最短的那块木板的长度的时候就会流出来,根本就不再有上升的空间了,哪怕其他的木板再长,也不能改变整个木桶的容量。

团队的最大能力往往不取决于某几个超群和突出的人,更取决于它的整体状况,甚至取决于这个团队是否存在某些突出的薄弱环节。唯有通过合作扬长避短,才能发挥出团队最大的力量。

星期六上午,一个小男孩在他的玩具沙坑里玩耍。在松软的沙堆上修筑公路和隧道时,他在沙坑的中部发现一块巨大的岩石。

小家伙开始挖掘岩石周围的沙子,他手脚并用,似乎没有费太大的力气,岩石便被他连推带滚地弄到了沙坑的边缘。不过,这时他才发现,他无法把岩石向上滚动、翻过沙坑边墙。

　　小男孩下定决心,手推、肩挤、左摇右晃,一次又一次地向岩石发起冲击,可是,每当他刚刚觉得取得了一些进展的时候,岩石便滑脱了,重新掉进沙坑。每一次他得到的唯一回报便是岩石再次滚落回来,还砸伤了自己的手指。

　　最后,他伤心地哭了起来。这整个过程,男孩的父亲从起居室的窗户里看得一清二楚。当泪珠滚过孩子的脸庞时,父亲来到了跟前。

　　父亲的话温和而坚定:"儿子,你为什么不用上所有的力量呢?"

　　垂头丧气的小男孩抽泣道:"但是爸爸,我用尽了我所有的力量!"

　　"不对,儿子,"父亲亲切地纠正道,"你并没有用尽你所有的力量。你没有请求我的帮助。"

　　父亲弯下腰,抱起岩石,将岩石搬出了沙坑。

　　故事中的小男孩,虽然用尽自己的力气,想方设法地自己去解决问题,但却一次次地失败。求助也是一种合作的能力,你不擅长的却可能是团队中其他人所擅长的。在团队里,每个员工的能力构成都是不一样的,或者说是具有互补性的。有效地整合你身边的资源,通过合作,发挥最大的能力。

不以个人论英雄

提到西点军校，大家都会觉得这是英雄的摇篮，麦克阿瑟曾经说过："我们要培养的是战场上的雄狮，因为一头狮子带领的羊群能够战胜一只羊带领的群狮！"的确，西点军校是培养将军的地方，但是团队精神更是他们所推崇和强调的，试想如果每一位西点毕业生都只注重个人英雄主义，那么整个军队如何发挥协同效应，如果彼此磨合成一个有效的整体呢？

事实上，**西点军校有着严格的处理战友关系的三句箴言：彼此和善（Be Kind），友好亲切（Be Nice），凡事沟通（No Surprise）**。他们非常注重培养学员之间的感情，因为当这些学员成为一名真正的战士后，他们曾经同学的情谊会让他们更懂得精诚合作。

巴顿将军是西点毕业的将军中比较著名和特别的一位，他的个人风格非常强烈，但是与人们想象的不同，他完全不是一个个人英雄主义者，而是非常强调团队的力量，并且懂得笼络人心把大家的力量拧成一股绳。

第二次世界大战时，巴顿经常到军区的医院去给伤员鼓劲加油。当时美军在特洛伊伤亡不少，士气有些低落，于是巴顿带着40枚紫心奖章直奔战地医院。

他先是看到一位胸部受伤的士兵，大声说道："好极了！我可是刚看到一个德国士兵既没有胸膛也没有脑袋呢。而且，我要告诉大家一个振奋人心的消息，相信你们听到这个消息会觉得自己的伤特别值得。因为你们，就是英勇的你们，已经解决了8万多的敌人，或直接干掉或俘虏。而且这只是官方的数字，我观察了一下，实际数字恐怕要多很多！小伙子，赶紧养好伤，战场上还需要你！"

接着巴顿走到另外一名戴着氧气罩的士兵身边，只见这位士兵已经处于昏迷之中。于是巴顿脱下头盔，跪在士兵床前为他戴上了一枚紫心勋章，并在士兵耳边说着一些鼓励的话语。

病房中所有的将士对于巴顿的鼓励都非常的感动，而且巴顿非常体恤下属，他曾经和上级说过："凡是受伤3次的士兵，应该立即送回美国，因为他们已经为国家尽力了。"

巴顿以体能和个人作战能力著称，但事实上，他在团队建设上更加有建树得多，绝不是一个单纯个人英雄主义的人。他在战场上带队伍时奖罚分明，有许多的举措为人们所津津乐道。

有一次巴顿在病房慰问伤员，临走时，突然发现病床上躺着一个文弱的年轻人，仅仅服役8个月，看不出有哪里受伤。巴顿走过去拿起年轻人的病历看了一眼后勃然大怒。因为那年轻人并没有真的受伤，而是向医生声称自己不舒服才得以休息，而医生诊断后只能判断其患有"忧郁型精神病"。很明显，这个年轻人只是患有"胆小惧怕上战场"的病症。

巴顿一把将这年轻人从病床上拖起来扔了出去，并下令立即将这年轻人送往前线。病房中的士兵都非常惊讶，因为这样做巴顿可能会受到弹劾。这件事情确实曾经被美国媒体揪出来攻击巴顿，然而这年轻人却主动提出不想再纠缠此事。据说后来，这位年轻人在前线立下不少功劳，还获得了紫心奖章。

也有很多媒体非常支持巴顿的举措，因为在战场上，如果纵容变

相的逃兵，那么将会是对那些敢打敢拼的战士士气的一种打击，如同巴顿这样处理问题，更能够让大家变得齐心协力同仇敌忾，因此巴顿这样做可不是因为脾气暴躁或是为了逞一时英雄之勇。

如今已经是一个以追求团队绩效为主的世界，个人单打独斗的时代已经渐渐远去，团队合作将越来越频繁地被世人重复再重复。"单人不成阵，独木难成林"，比起单纯的个人英雄主义，拥有团队意识、善于团队合作的人无疑在社会中更能够得到认可。

一个再如何伟大的英雄也不能代替整个团队，越是能够成为人们心目中英雄的强者，越是懂得这一点。比如西点军校毕业的著名总统艾森豪威尔正是如此。

1942 年，艾森豪威尔被任命为欧洲战区的司令官，被派往伦敦。当时艾森豪威尔并不出名，而且头衔仅仅是少将。在欧洲战区司令官这个职位下，有 366 名将军，军阶都比他高。而且盟军中有美国人、英国人、加拿大人、法国人、荷兰人和比利时人，那么多国家组成的盟军，语言、传统、训练习惯、利益出发点都千差万别。当艾森豪威尔得到这个职位的委任状时，有人不看好，有人不服气，可谓前途堪忧。然而，日后的事实证明，艾森豪威尔作为欧洲战区司令官非常成功，也成就了他日后从政最辉煌的政治资本。

艾森豪威尔当时到了伦敦之后，立即开始从美国军官内部进行团队合作的教育，要求他们与其他国家军官友好相处，对于无法贯彻团队精神的军官立即遣送回美国，绝不手软。而他自己也同样以身作则，与各国将军建立良好的关系，尤其注意与英国政治人物的联系，丘吉尔及其他军政要员都对他有很高的评价。

最经典的一件事情则是，在一次新闻发布会上，艾森豪威尔对记者坦然公布了下一次盟军的攻击目标，记者们完全没有料到艾森豪威尔会公布机密信息，于是问艾森豪威尔："您不怕这些信息被泄露出去吗？"

艾森豪威尔回答道："当然担心，但是我相信我们的利益是一致的，相信各位的团队精神。所以我不打算审查你们的新闻稿，就看你们彼此之间的监督和责任感了。"记者们不禁感叹这种让他们彼此监督的方式真是又得人心又厉害的手段。而事实上那次军事信息也并没有被泄露出去。

艾森豪威尔深知他不可能靠自己一个人搭台唱戏，所以他懂得将重要的利益方捆绑在一起。艾森豪威尔的手段是一种团队精神和领导艺术的绝佳结合，要知道盟军往往因为习惯和利益有分歧最难管理，要看团队成员是否能够放弃竞争，齐心协力精诚合作。

合作其实是一个互相帮助、资源共享、优势互补的过程，从"我"到"我们"，最终达成取长补短、共同发展、获取双赢的目的。相反，如果人人只顾自己的利益，只看到自己的长处，缺乏合作共进的意识，团队利益就会被淡化，整个队伍就会成为一盘散沙，不堪一击。

在西点军校体育馆的墙上，有这样的口号：

今天，在友谊的运动场上，我们播下种子；

明天，在战场上，我们将收获胜利的果实。

西点军校设置了大量的团队活动来帮助学生建立友谊和团队精神。而所有活动中最为著名的就是西点军校的"毕业墙"。西点军校第四十六期毕业生有这样一个惊心动魄的故事：

在西点军校第四十六期学员毕业的前一天晚上，他们执行离校前的最后一次水上巡逻任务。或许因为这是最后一次巡逻任务，因此学

员们有所疏忽,巡逻艇撞上了在海面上的油轮。

丧失正是深夜十分,油轮上的海员没有注意到这件事。巡逻艇已经开始漏水,学员们面临生死存亡。

他们唯一的机会,就是爬上油轮高达 4.2 米的甲板,然而在巡逻艇上没有任何攀爬工具。最后学员们通过搭人梯的方法爬上了甲板成功获救。

后来学员们把事件经过报告学校,西点军校也受此启发,在学校的训练场上搭起了高达 4.2 米的墙,每一期学院必须以 60 人为单位在 15 分钟内全部爬上高墙,后来这面墙就有了"毕业墙"的称号。

个体的力量终究是有限的,唯有团队起来协同作战,才能造就一个成功的团队,进而反过来成就所有团队个体的成功。曾经听过这样一则寓言:**在非洲的草原上,如果见到羚羊在奔逃,那一定是狮子来了;如果见到狮子在躲避,那一定是象群在发怒了;如果见到成百上千的狮子和大象集体逃命的壮观景象,那就意味着整个蚂蚁军团来了。**

蚂蚁军团的强大力量就在于此! 纵然每一只小蚂蚁的力量在我们看来无异于一滴水之于整个大海,不过是微乎其微,起不了任何作用,但成千上万的蚂蚁聚集在一起组成一个庞大的蚂蚁军团,就仿佛无数滴水汇成一条溪流甚至是汪洋大海,其力量便不容小觑了。

时代需要英雄,更需要伟大的团队。一个人的智慧再高,能力再强,对于迅速膨胀的信息和全面爆炸、不断更新的知识也无法做到全面掌握,你表现得再出色,也无法创造出一个高效团队所能产生的价值。只要能够帮助团队成功,个人的荣耀也会水到渠成。

Chapter 10

尊　　重

注重仪表和礼貌

仪表整洁,举止优雅的人即使离开了金钱,在陌生的环境中也能成功,秘密就在于他们拥有世界各地最受欢迎的"通行证"——礼貌。

礼貌和仪表是一个人给人的最直接的印象,往往决定了第一次交往是否顺利以及是否有可能继续交往。西点军校深知"礼貌"在人与人之间的重要性,所以在日常的举止上,十分注重学员谦逊的品格及优雅的举止的培养。

西点军校要求新学员对包括学长在内的人敬礼,并称呼"长官""您",这在社会上有时被视为是软弱的行为,但在军队,新学员必须学会尊重、谦虚,这样做是必需的。另外,西点还要求每个新学员记住1 400名其他新学员的名字,实际上一年后,新学员一般都能记住4 000名学员的名字和基本情况,因为西点认为记住对方的名字是有礼貌的表现。

这样的训练不仅使西点的学员学会对他人的尊重、忠诚与服从,更使西点的学员在离开西点走入社会后成为同样受人欢迎的人。

格罗夫·克利夫兰夫人那优雅的仪态和礼貌,与她个人的魅力一起,使她成了白宫里最受欢迎的女主人。她对富有的女士和最贫穷的乡村妇女给以相同的礼遇。一个人倘若能做到这点,是很不容易的,这是她礼貌而平等的待人习惯,与她对个人教养的重视是密切相关的。

在白宫举行的一次见面会上,大家都希望能与总统夫人握手,一位老妇人也在向前挤着,但由于不小心,她把手帕弄掉了。她本想把手帕捡起来,然而焦急的人群从后面推着,根本没有人管这位老妇人是否能捡回她的手帕。她只好身不由己地随人群一直向前涌。可是,克利夫兰夫人敏锐的目光注意到了这一幕,她走上前,把已被踩过的手帕捡了起来,叠好塞到自己的衣袋里,然后又拿出她自己全新的、用最好的布料和花边做成的精美手帕,微笑着递到老妇人手里,亲切地说:"请拿着,可以吗?"就像在请求别人帮忙,而不是赠予别人东西一样。

爱默生说:"美好的行为比美好的外表更有力量。美好的行为,比形象和外貌更能带给人快乐。这是一种精美的人生艺术。"

对所有的人都以礼相待,尊重每一个人,这样的人才能受欢迎,人们才愿意与你交往。

上天也同样赋予了每个人讲礼貌、给他人尊重和快乐的能力,这

西点军校名将、美国南北战争南部联盟总司令罗伯特·李将军

很大程度上依赖于年轻时接受的训练。所以西点对于学员的礼貌和仪表训练丝毫不放松,鼓励学员通过自己的人格和礼貌赢取良好的人际关系。

此外,作为基本的礼貌,西点军校也十分注重学员的军容风纪,对仪表、着装有着严格的要求。

良好的仪表与良好的教养有着紧密的关系,保持良好的仪表也是十分重要的。一个容忍自己仪表邋遢的人是不可能受人欢迎的。每个西点军校毕业的学员都非常明白:衣服不需要昂贵,但要整洁合身,符合场合。

整洁的仪表有利于个人自身的发展。很多大企业都对着装和仪表有严格的要求,因为员工的仪表往往也就代表了企业的形象。一个仪表邋遢的人会让人产生不信任感,试想一个连自己的仪表都不能妥善打理的人又怎么能很好地完成别人交付的工作呢?

一位慈悲心肠的富有女士创建了一所女子中等工业技术学校,这里的女学生可以受到良好的英语语言教育,并且可以学到一些自立的技能。这位女士需要一个管理学校的人和老师,有一个委托机构便给她推荐了一位年轻的女士,委托机构的人高度评价了这位年轻女士,说她有能耐、有头脑、知识渊博,是这个职位的最佳人选。学校的创办者立刻邀请这位女士来面试。表面上看,这位女士符合这个职位的一切要求,但是,创办者没有给出任何原因就拒绝了这位面试的女士。很久以后,当一个朋友又提起这件事,问她为什么要拒绝这么一位有能力的老师时,她回答:"只是个细节问题,但是就像埃及的象形文字那样,细节问题也有很深远的含义。这位年轻女士来的时候打扮非常时髦,穿着很昂贵的名牌,但是,她却戴了一双肮脏而且有窟窿的手套,而且她鞋上的扣子有一半没扣上。这样一个懒散的女士是不适合教那些女学生的。"这个求职者也许永远不会知道为什么她未能得到

这个职位,毫无疑问,她能胜任这项工作,但是她却没有重视那些看似不需费心的穿着细节。

曾担任全纽约铁路委员会主席的霍伯特·乌里兰在一个有关如何获得成功的讲演中这样说:"衣服不能决定一个人的命运,但是好的着装确实给很多人带来了工作机会。如果你手里有 25 美元,你希望找一份工作,那么,我建议你花 20 美元买一套衣服,花 4 美元买一双鞋,剩下的钱用来刮脸、理发和清洗衣领,然后你就可以去应聘了。我想这要比你留着 25 美元,却又着装褴褛要好得多。"

衣着干净整齐,头发、指甲等细微的地方也修理干净,这样能给人很有精神的感觉,才能受人欢迎,自然获得成功的机会也就更大。

谨慎自己的言行,让整洁的仪表和礼貌的举止帮助自己建立良好的人际关系,叩开成功的大门。

西点军校名将、一站远征军总司令:约翰·潘兴

以上司为榜样

　　"以上司为榜样"，作为西点军校军规的一条，二百年来也被所有的学员所谨记和遵守。它体现了一种对上司的尊重与服从，更是一种对于上司、对于军队的忠诚。

　　著名的巴顿将军就曾经被布拉德利将军这样评价："他总是乐于并且全力支持上级的计划，而不管他自己对这些计划的看法如何。"

　　所有的西点学员对上司怎么评价自己，关心但是绝对不会太在意，他们会一如既往地做好自己的本职工作，并且对上司指出了自己的不完善之处而充满感激。

　　服从于上司是军人的天职，不论你怎么看待这项命令，只要它是符合军队的原则，没有抵触到你对军队的忠诚，那就必须服从。

　　西点军校强调"以上司为榜样"，其实是要从侧面强调和训练学员的忠诚和服从。试想，一个轻视自己的上司，认为上司没有什么值得自己学习的人怎么可能谦逊礼貌，受人欢迎？怎么可能忠于自己的国家？怎么可能服从上司的命令并且完美地执行任务呢？

　　以上司为榜样，能避免犯低级的错误。作为一名上司，他会比你更了解全局的情况，更清楚军队或是一个企业的根本利益在哪里，从而根据客观环境作出最合适的决策。在这样的情况下，作为一名部属，你所要做的就是以你的上司为榜样，竭尽全力做好你应当做的。唯有以上司为榜样才能了解上司，才能忠诚于他。

　　以上司为榜样，但是并不是绝对地盲从上司，不是愚忠。"忠诚不

是愚忠,服从不是盲从,如果长官错了,你还是盲从于、忠诚于他,你就是愚昧的人。"道格休斯上校曾经这样对士兵们说。试想,上司如果背叛了原则,难道你也以他为榜样背叛原则,背叛国家吗? 答案当然是"不"。

或许你并不认为你的上司有什么优点,但是你仍然应该以他为榜样。因为他之所以能成为你的上司,就必定有其超越你的地方,而这个闪光点就是你应该学习的方面,也应成为你尊重上司的原因。

同时,作为一名领导者,因为你处于领导者的地位,所有的部属都以你为榜样,你就更加必须以身作则。无论是以上司为榜样,还是上司必须以身作则,都是西点精神所强调的。只有两者的完美结合,才能造就有凝聚力的团队。

巴顿将军的回忆录中收录了他于 1943 年 7 月 18 日从西西里发出的一封信,信里有这样一段话:

"不久前的某一天,威廉·达比上校被提升为一个团的团长。级别提升了一级,但他拒绝接受,因为他愿意与他训练出来的士兵待在一起。同一天,艾伯特·魏德迈将军请示降为上校,为的是能够去指挥一个团。我认为这两种行动都很棒。"

这就是西点所提倡的上司与下属之间的忠诚,互相尊重。

"以上司为榜样"同样适用于企业。对于员工来说,以上司为榜样就意味着尊重你的上司,学习你的上司,执行上司给你的任务,只有这样你才能在企业中获得上司的赏识,并脚踏实地地前进。而对于一名领导者来说,"以上司为榜样"无疑就像时刻提醒自己要以身作则的警钟,时刻保持高度的责任感。

领 导 的 艺 术

　　美国某记者所著的《"西点"人和"西点"精神》一书中提到西点军校的一句口号："西点军校——永恒的领袖。"它意味着,西点军校的毕业生永远都要充当"领袖"。

　　事实上,在西点二百多年的历史中,为美国培养了众多的军事人才,其中有3 700人成为将军。著名的有：美国南北战争中的北方联邦军总司令格兰特,南部联盟军总司令李将军,第一次世界大战中美国远征军总司令潘兴,第二次世界大战中的太平洋盟军统帅麦克阿瑟,欧洲战场盟军总司令艾森豪威尔,第12集团军群司令布莱德利,第3集团军司令巴顿,中印缅战区司令史迪威,越战美军司令威斯勃兰特,海湾战争中央总部司令施瓦茨科夫,科索沃战争美军指挥官克拉克等将军。

　　除此之外,西点军校在培养大批军事家的同时,还为美国培养和造就了众多的政治家、企业家、教育家和科学家。其中著名的有：美国第18任总统格兰特,第34任总统艾森豪威尔,第59任国务卿黑格,国际银行主席奥姆斯特德,军火大王杜邦,巴拿马运河总工程师戈瑟尔斯,第一个在太空中行走的宇航员怀特,前任国务卿鲍威尔,等等。

　　可以说,西点是一所培养领袖的学校,在平时的课程中也十分强调领导能力的培养。

道格拉斯·麦克阿瑟的领导原则：

我是令下属犹豫不定，还是使他们变得坚强勇敢？

如果我的下属证明自己确实无法胜任，在撤掉他时，我是否运用了道德勇气？

我是否已经尽力鼓舞、激励、鞭策自己和他人以挽回缺憾和失误？

我对掌管的大部分下属是否既知道姓名，又知道脾性？我对他们是否了如指掌？

我是否充分了解自己工作的有关技巧、必要性、目的和管理方式？

我发火是否针对个人？

我的行动是否令下属真心愿意跟随？

我是否把本应属于自己的任务进行了授权？

我是否大包大揽，没有进行授权？

我是否交给下属他必须尽最大努力才能完成的任务，以便培养他的能力？

我是否关心每一个下属的个人福利，就像关心自己的家人？

为了激发信心，我表现得言语镇定、态度从容还是兴奋过头、举止失措？

对于下属我是否总是他们品德、着装、举止和风纪方面的榜样？

我是否对上级恭敬而对下属苛刻？

我的门是否为下属而打开？

我是否更多地想到地位而非工作？

我是否当众纠正下属的错误？

领导能力也是一种艺术，不是生硬的命令，而是一种尊重与激励的艺术。懂得如何合理地运用领导技巧，尊重同时又不失威严，利用赞美使下属发挥更大的潜力，才是真正的优秀领导。

"领导者应当懂得理解人，关心人。人不是机器，也不应当被当机器对待。我并没有以任何方式暗示要纵容属下。但人是有智能的复杂生物,会对理解和关心做出积极反应。理解人、关心人的领导者不仅会得到每一位属下的全心回报,还有他们的耿耿忠心。"奥马尔·布莱德利曾经这样说。

1963年,应该是春天,在GE公司,一名28岁的员工经历了一生中认为是最为恐怖的事件之一——爆炸。

当时,他正坐在匹兹菲尔德的办公室里,街对面正好是实验工厂。这是一次巨大的爆炸。爆炸产生的气流掀开了楼房的房顶,震碎了顶层所有的玻璃。他飞奔出办公室,向出事的办公楼跑去。

他跑到三楼,害怕极了。爆炸带来的灾难比他预想的更糟。一大块屋顶和天花板掉到了地板上,不可思议的是,没有人受重伤。

当时,人们正在进行化学实验。在一个大水槽里,他们将氧气灌入一种高挥发性的溶剂中。这时,一个无法解释的火花引发了这次爆炸。非常幸运的是安全措施起到了一定的保护作用,爆炸产生的冲击波直接冲向了天花板。

作为负责人,他显然有严重的过失。

第二天,他不得不驱车100英里去康涅狄格的桥港,向集团公司的一位执行官查理·里德解释这场事故的起因。这个人对他是很信任的,但他还是准备了挨批。他已经做好了最坏的准备。

他知道这时可以解释为什么会发生这次爆炸,并提出一些解决这个问题的建议。但是由于紧张,失魂落魄,他的自信心就像那爆炸的楼房一样开始动摇。

这是他第一次走进这位领导的办公室。

查理·里德很快就使面前的年轻人平静了下来。作为一名从麻省理工学院毕业的化学工程博士,查理·里德是一个有着很深专业素养的杰出科学家。实际上,查理·里德在1942年加入GE公司以前,

还在麻省理工学院当过 5 年应用数学的教师。查理·里德对技术也同样有着很大的热情。这个家伙是个跟企业结婚的单身汉，是 GE 公司中级别最高的有着切身化学经验的执行官。查理·里德知道在高温环境下做高挥发性气体实验会发生什么。

查理·里德表现得异常通情达理。

"我所关注的是你能从这次爆炸中学到了什么东西。你是否能够修改反应器的程序？"

年轻人没有想到查理·里德会问这些。

"你们是否应该继续进行这个项目？"查理·里德的表情和口吻充满理解，看不到一丝情绪化的东西或者愤怒。

"好了，我们最好是现在就对这个问题有个彻底的了解，而不是等到以后，等我们进行大规模生产的时候。"查理·里德说道，"感谢上帝，没有任何人受伤。"

查理·里德的行为给这个年轻人留下了深刻的印象。

这个 28 岁的年轻人就是杰克·韦尔奇。

杰克·韦尔奇在自传中，回忆起这段经历时说：

"当人们犯错误的时候，他们最不愿意看到的就是惩罚。这时最需要的是鼓励和信心的建立，首要的工作就是恢复自信心。"

每一个人都应明白，错误并不可怕，最可怕的是不能从错误中吸取教训，重新站起来。成功的经验是一种财富，失败的教训同样是一种财富。

查理·里德知道，每个人都免不了犯错误，当错误发生后，如何解决问题，防止错误的再度发生是最重要的。盲目地撤换负责人或当事人也是不恰当的，要知道，错误也是一种经验。用人不疑、疑人不用，杰克·韦尔奇最终的成功也正验证了查理·里德的正确眼光。

作为领导者，对于已经造成的问题，如何充分地利用它教育下属，把失误利用起来，也是一种学问。只有让下属认识到错误并不可怕，可怕的是重复错误，而不吸取教训，才能充分地发挥员工的创造力和积极性。

作为西点校长，也是西点的毕业生，约翰·斯科菲尔德将军曾这样说："……最好、最成功的指挥官，都是因为公正、坚定，加之和蔼亲切，才得到其下属的敬重、信赖和友爱。士兵在战火中赖以为生的纪律，并非靠残酷和暴虐铸成。相反，残酷和暴虐不会造就一支军队，只会摧毁一支军队。……只有用这样一种态度和语气，其在士兵心中激起除了服从再无其他的热望，发布指令和下达命令才是可能的。"

国王要打仗，布告全国征兵，有一个人称天下无敌的大力士，被召入队伍中，国王久闻其名，并亲自召见。

国王问："你应召需要我给你什么职位？"

"新兵统领。"大力士说。

国王笑了，说："行。"

一个月后，依然没有见他带新兵上前线打仗，国王生气了，召见了大力士。

"统领你当了一个月了，为什么不出兵呢？"

"我没有好的刀和马。"大力士道。

国王又笑了："那简单，我赐你一匹千里马和一把宝刀。"

国王本以为大力士这回肯定上战场作战去了，可惜前线仍是节节败退。国王这才知道大力士还没上战场。这次国王怒了，召见大力士说："你再不出兵国家将亡了。"

大力士道："我需要你赐给我三千黄金，给我部下的家属以充足的生活。"

这回国王不高兴了："黄金可以给，但你千万不能再托词，否则杀你以敬死去的将士。"

173

　　大力士道："君子一言既出，驷马难追。"

　　果然，大力士统领新兵，英勇顽强，屡建奇功，手下兵士以一敌十，很快赢得胜利。

　　在庆功宴上，国王问大力士为什么几次三番都不肯出战。大力士道："没有锐器就没有锐气；没有家属的生活保证，兵士就有后顾之忧；没有几个月的训练，也就没有统一的指挥。"

　　在西点，指挥官与下属之间讲求的是信赖，是忠诚，是尊重。而这一切的默契只能够通过"仁慈"的做法来实现。

　　无论在什么样的组织中，都应该讲求尊重式的领导。麦克阿瑟手下的一名西点教员林肯·安德鲁（Lincoln Andrews）曾这样讲述西点军人应有的领导方式："或许每一位军事领导人应当具有的最重要的基本认识就是：每一个人都深深渴望保持自尊，都有权要求周围的人认识到他的自尊。……领导者必须拿出时间来倾听下属的心声。一本正经地说'我没有时间'很容易，但是领导者每做一次这样的事情，就等于给他本该珍惜有加的团队精神的棺材上多钉了一颗钉子。"

　　"尊重的表示，对那些富于高尚思想和有荣誉感的人有很大的力量。"这是古希腊的哲言，但同样也适用于现代社会。尊重给人以激励的力量，一个懂得运用尊重和赞美来调动下属积极性的领导者往往能带动自己的团队获得伟大的成功。

Chapter 11

自　　发

积极主动地
面对每一件事

人生路上难免有低谷，西点军校并不回避这一点。相反，真正的西点人都知道，消极的情绪是成功路上的绊脚石，不可取但有时又不可避免，过度的压抑也并非好的解决方法，真正能帮助你摆脱消极情绪困扰的是如何调节自己的心态。

西点人崇尚自动自发的精神，依靠自身心态与情绪的调节，积极应对一切。不是被动地接受命运，而是自主地调整心态，面对一切挑战。

在美国的一座山丘上，有一间不含任何有毒物、完全以自然物质搭建而成的房子，里面的人需要由人工灌注氧气，并只能以传真与外界联络。

住在这间房子里的主人叫辛蒂。1985年，辛蒂在医科大学念书，有一次到山上散步，带回一些蚜虫。她拿起一种试剂为蚜虫去除化学污染，却感觉到一阵痉挛，原以为那只是暂时性的症状，谁料到自己的后半生就毁于一旦。试剂内含的化学物质使辛蒂的免疫系统遭到破坏。她对香水、洗发水及日常生活接触的化学物质一律过敏，连空气也可能使她支气管发炎。这种"多重化学物质过敏症"是一种慢性病，目前尚无药可医。

患病头几年，辛蒂睡觉时口水流淌，尿液变成了绿色，汗水与其他

排泄物还会刺激背部,形成疤痕。她不能睡经过防火处理的垫子,否则会引发心悸。辛蒂遇到的这一灾难所承受的痛苦是常人难以想象的。1989 年,她的丈夫吉姆用钢与玻璃为她盖了一个无毒的空间,一个足以逃避所有威胁的"世外桃源"。辛蒂所有吃的、喝的都经过特殊选择与处理,她平时只能喝蒸馏水。食物中不能有任何化学成分。

8 年来,35 岁的辛蒂没有见到一棵花草,听不见悠扬的声音,感觉不到阳光、流水。她躲在无任何饰物的小屋里,饱尝孤独之余,还不能放声地大哭。因为她的眼泪跟汗一样,可能成为威胁自己的毒素。

而坚强的辛蒂并不在痛苦中自暴自弃,她不仅为自己,也为所有化学污染物牺牲者争取权益而奋战。1986 年,辛蒂创立"环境接触研究网",致力于此类病变的研究。1994 年再与另一组织合作,另创"化学伤害资讯网",保障人们免受威胁。目前这一"资讯网"已有五千多名来自 32 个国家的会员,不仅发行刊物,还得到美国国会、欧盟及联合国的支持。

生活在这寂静的无毒世界里,辛蒂却感到很充实。因为不能流泪的疾病,使她选择了微笑。

人生之路就是因为有壮丽高山也有低洼沼泽才多姿多彩,平坦走到头的人生总让人觉得少了些什么。

每个人或多或少都有先天的缺陷,这是我们不能改变的,但是我们能改变自己的心态,以一种积极的眼光来看待世界,你会发现整个世界都将变得不同。

尼尔·奥斯丁从懂事时起,便为他那双天生畸形的手深感苦恼。在上体育课时,他无法与同学们一起参与球类活动,看着父母在繁忙的工作之余还得做很多家务事,他也帮不上忙。奥斯丁常对自己说:"上帝啊,我怎能接受这个事实!我的一生难道就被这双手毁了吗?"

15 岁生日时,奥斯丁收到了父亲送的笔记本。扉页上写着:

这是一个古老的祷告:上帝啊,请允许我接受我不能改变的事;请赐我勇气去改变我能改变的事;还要给我智慧区分出它们的不同。

当时,奥斯丁受到了强烈的震撼,他开始试着去接受双手畸形的残酷事实。但更重要的是,他开始创作一些东西——在父亲送的笔记本上书写自己的感想……

多年后,尼尔·奥斯丁已经是图书馆界赫赫有名的人物。同时,他也是一个颇受欢迎的作家,他的自传和几本文学家传记均获得读者一致的好评。奥斯丁知道,这都归功于那个古老的祷告。

比尔是一个对一切都不满足的人,所以整天都不快乐。但自从有一天他散步的时候,目睹了一件事,他的一切烦恼从此都消解了。

当时比尔开了一间杂货店,经营两年,不但把所有的积蓄都赔掉了,而且还负债累累。就在前一个星期六,他这间杂货店终于关门了。当时,他正在向银行贷款,准备回老家找工作。连他走路的样子看起来都像是一个毫无生气的人,因为他已经失去了信念和斗志。

这时,比尔突然瞧见一个没有腿的人迎面而来,他坐在一个有轮子的木板上,他两只手各撑着一根木棒,沿街推进。比尔恰好在他过街之后碰见他,他正朝人行道滑去,他俩的视线刚好相碰了。他微笑着,向比尔打了个招呼:"早,先生! 天气很好,不是吗?"他的声音是那样富有感染力,那样有精神,好像根本就不是一个身体有缺陷的人。

当比尔站着瞧他的时候,他感觉到自己是多么富有呀! 比尔自己有两条腿,他还可以走。可是面对那个坐在轮椅上的先生自信的目光,比尔觉得自己才是一个残障者! 他对自己说:"既然他没有腿也能快乐高兴,我当然也可以。因为我有腿!"

比尔感到心胸顿时豁然开朗。他本来只想向银行借 100 美元,但是,现在他有勇气向银行借 200 美元了。他本来想到老家求人帮忙随

便找一件事做,但是,现在他可以自信地宣布,他要留在这里获得一份好工作。最后他钱借到了,工作也找到了。

现在每当又遇到烦心的事时,他都会大声地朗读一遍:

"我忧郁,因为我没有鞋。

直到在街上遇见一个人,

——他没有脚!"

对于一个军人来说,只有接受命令,完成任务,而没有权力对恶劣的条件抱怨或是自顾自沉浸在对困境的担忧之中。而对于一个面临困境,同时急于摆脱它的人来说,同样也不可能逃避,唯有面对这一切。

许多时候,我们不能改变世界,但是我们能够改变自己的心态,以积极热情的心态来面对一切。态度一旦改变,心也会随着改变,正如西点人常说的:当你微笑地看着世界的时候,世界就是阳光灿烂的。

美国陆军在沙漠里训练,一名军人的妻子随军来到沙漠。但是她十分不喜欢这里,就给她的爸爸妈妈写了一封信,后来,她的妈妈给她写了回信。在信中妈妈给他讲了两个犯人的事,在狱中,一个看到了天上的星星,一个看到的是地上的泥土。读了妈妈的信后,这个军人的妻子立刻恍然大悟。从此,她变了态度。她虽然不能和沙漠的土著人用语言沟通,但她用手势和他们交流,还把饼干等送给土著居民,土著人也把一些贝壳送给她。她感到十分快乐,回到美国后,她举办了贝壳展览,还写了一本书,就是《快乐的城堡》。

沙漠还是原来的沙漠,土著人还是原来的土著人,这些客观的环境都没有变,但是心态变了,快乐也就来了,可见心态决定成功。

如果眼光仅仅盯住地上的泥土,你将错过美丽的星空。很多时候,事情并没有改变,我们只需要改变我们所关注的焦点,改变我们的心态,一切都将不同。

　　心理辅导师莎娜的朋友爱米莉两年前因为车祸失去了左臂。那天莎娜到医院探望爱米莉时,爱米莉满面泪水。她拉着莎娜的手,哽咽着说,她再也不能穿短袖的衣服了。

　　爱米莉是个极爱美的人。从前上学时,一到夏天,她便喜欢穿着短袖T恤,将纤细白皙的手臂露在外面,不知羡煞多少女同学。可是车祸却毁掉了她曾引以为豪的美丽。

　　莎娜已经不记得当时是怎样安慰她的,只记住了她悲哀绝望的表情。半年前,莎娜出差到爱米莉所在的城市,便萌发了去看望她的念头。

　　那已经是7月了,天气十分炎热,莎娜整天待在有空调的房间里却还是觉得浑身冒汗,但爱米莉的那句“我再也不能穿短袖衣服”的话令莎娜记忆犹新,莎娜不愿意触及她的伤心处,冒着酷暑,换上了一件长袖衬衫。

　　后来的一幕令莎娜一生都可能无法忘记。当爱米莉打开门时,莎娜惊异地发现,她竟穿着一件短袖T恤!她看着莎娜包裹得严严实实,愣了一下,又哈哈大笑起来。莎娜不禁莞尔。爱米莉感激地拉住莎娜的手,认真地说:“真是难为你了,如此替我着想。”

　　随后,爱米莉解释道,她刚从街上买了水果回来,还没来得及换衣服。莎娜瞧着她依旧白皙的右臂和空荡荡的左袖,便打趣地问她:“如何现在想通了?”

　　爱米莉很严肃地说:“其实当初太傻。为什么少了左臂就不能穿短袖了?与其穿长袖遮遮掩掩,害怕别人发现,还不如索性留下空荡荡的短袖口,倒轻松不少。”

　　那时,莎娜的唯一反应是:这真是一个坚强乐观的女人。

　　积极主动才能适应变化多端的现实社会,消极被动只会让你沉溺于困境之中。西点军校要求每一位学员都能够做一个坚强乐观的人,唯有坚强乐观的人才能在严峻的环境中依然前行。

　　每个人都需要有一颗坚强乐观的心。从现在开始,积极调整你的心态,以一种积极乐观的态度来对待一切,哪怕是你不喜欢或是不愿意去做的。不久,你就会发现,你的世界正在改变,因你的积极乐观而变得更加美好。

西点军校名将:乔治·巴顿

勤　　勉

　　西点人相信,上帝永远保佑那些起得最早的人。在西点军校,每个学员每天都有适当的军事训练和文化知识课程,没有人能够游手好闲或是靠投机来获得荣誉。

　　懒惰是最大的罪恶,在西点,每个人都明白这个道理,所以每个学员都利用有限的时间学习最多的东西。没有人浪费时间,也没有人闲散偷懒,甚至没有人会容忍偷懒的行为。作为一名军人,勤勉已经变成一种自觉的行为,变成一种责任。

　　"你为什么不想去上学?"15岁的儿子查理厌学,使格雷先生很吃惊。

　　查理回答说:"我太讨厌读书了,再说,读书有什么用?"

　　"你觉得自己懂的东西足够多了吗?"格雷先生质问道。

　　"我懂的东西,绝不比乔治·里曼少,他三个月前退学了。他说他再也不来上学了,他爸爸有的是钱。"

　　查理准备出门,格雷先生说:"你等等,听我说,如果你不愿意读书,可以不读,但是你要明白一件事——不去读书,就得去工作,无所事事的儿子我不养活。"

　　第二天早上,格雷先生带查理去参观了一个监狱。在那儿,格雷先生与以前的一个同学见了面,他已经是一个囚犯。格雷先生对他说:"见到你很高兴,哈默先生,但是我很遗憾在这儿见到你。"

"你的遗憾不会比我的后悔更多。"那个囚犯对查理说,"我想这是你的孩子吧。"

"是的,这是我的大儿子查理。他现在的年纪,和我们一起上学的时候差不多。那些日子你还记得吗,约翰?"

"我倒巴不得忘记呢,威廉!"那个囚犯感叹道,"有时候我真希望那只是一场梦。可是每天早晨醒来,我都发现那些事情是真的。"

"当时是怎么回事?"格雷先生问,"我最后一次见到你时,你好像过得不错,比我好得多。"

"几句话就可以说清楚,"那囚犯回答说,"我游手好闲,和坏人混在一起。我不想读书,我认为富人的孩子用不着学习。我父亲死后给我留下了一大笔财产,其中没有一分是我自己挣来的,我一点都不会挣钱,也不心疼钱。一天早上醒来,我发现自己已经一无所有了,比最穷的小职员还穷。要活下去,必须有钱,我不想工作,又想弄到钱,结果就不用说了。"

哈默被看守叫回去干活,格雷先生问看守:"这些囚犯有多少人受过职业训练,可以用正当的手段谋生?"

"十个里面找不到一个。"看守回答。

"查理,当我告诉你必须像其他孩子一样工作时,你很吃惊,"在回家的路上,格雷先生说,"这次到监狱来就是我的回答。大家都认为我是个有钱人,我确实也是个有钱人,我能够为你提供最好的机会使你变得聪明懂事。但是,无论现在还是将来,我的财富都不能让你游手好闲地生活下去。很多做父亲的,在经历了种种挫折之后,才意识到让孩子游手好闲是多么可怕的事!"

查理沉思了片刻,说:"我星期一还是去上学吧!"

人,只有通过勤劳,才能获得他想拥有的东西。

辛勤的劳动终究要得到回报。然而,我们更应该看到荣誉背后是一个人长时间心血和汗水的结晶,无论是面临困厄与失败,从不沉沦,毫不气馁,才铸就了今日的辉煌。任何的投机行为都不会带来长久的荣耀,上帝永远只保佑起得最早的人。

从前有个小男孩,非常聪明,但在长久的夸奖声中的他,渐渐开始偷懒,想靠投机来获得成功。

这天,小男孩有幸和上帝进行了对话。

小男孩问上帝:"一万年对你来说有多长?"

上帝回答说:"像一分钟。"

小男孩又问上帝:"一百万元对你来说有多少?"

上帝回答说:"相当一元。"

小男孩对上帝说:"你能给我一元钱吗?"

上帝回答说:"当然可以。请你稍候一分钟。"

凡事皆不是唾手可得,天下没有免费的午餐,即使在上帝那里也是一样。

天才就是勤奋,这句话如果不完全正确,那至少在很大程度上是正确的。没有勤奋努力便不可能成为天才。正如爱迪生所说的:"天才是百分之一的灵感,百分之九十九的血汗。"

如果你不比别人干得更多,你的价值也就不会比别人更高。

每个人都希望别人能认同自己的价值,希望以成功来证明自己,于是就定下远大的志向和目标,而对于自己目前能做的事情却不屑一顾。

潜能激励大师丹尼斯·魏特利博士是全球最受推崇且最具产能的讲师与顾问之一,同时是许多世界级大师,如博恩崔西的启蒙老师。担任 AT&T,Dell,Microsoft,IBM,General Motors 等多家美国《财

富》500强大企业的超级顾问。他同时是《纽约时报》畅销书作家，著作包含《乐在工作》与《心灵帝国》等全球畅销书。而《胜利心理》这套有声课程，更是史上销售量最高的最佳课程。

丹尼斯·魏特利博士经常说这样一句话：没有人会带你去钓鱼。让我们来看看这句话的背后将给年轻人带来怎样的启迪：

我9岁时，我的一位士兵朋友答应星期天早上带我到船上钓鱼，当时我兴奋不已。因为我甚至从未靠近过一艘船，而我总是梦想着能在船上钓鱼。

周六晚上，我兴奋地和衣睡觉，为了确保不迟到，我甚至还穿着网球鞋。清晨3点，离我们约定的时间还有2个小时，我就起来为我的钓鱼之旅做准备。4点整，我已经准备就绪，摸黑等待我的士兵朋友了。

但他失约了。那可能就是我生命中，学会要自立自强的关键时刻。我没有向别人诉苦，没有对人的真诚产生怀疑，我只是对自己说："任何人都可能对你失约，要想达到自己的愿望，那就自己行动。"那个声音是如此的清晰，我的确就那样做了。

我自己准备了食物，花光了自己除草所赚的钱，买了艘补过的单人橡皮救生艇。我一个人钓了些鱼，享受了我的三明治，用军用水壶喝了点果汁，这是我生命中最幸福的时刻。

对我而言，那天的经历给我上了人生宝贵的一课。开发自己的潜能，靠自己的力量，实现自己大大小小的梦想，别人——任何人都可能对你失约。

每个人都可能对你失约，我们最能依靠的永远是自己。勤奋地向着既定的目标前进，不必等待谁的出现，也不必期待谁的帮助，要知道：求人不如求己。

真正帮助你获得成功的就是你自己。老板都喜欢自动自发的员工,这样的员工永远比别人多一份热情和冲劲,比其他的员工多想一步,而正是比别人多的这一点,使他获得上司的注意,获得成功。

约翰和乔治差不多同时受雇于一家超级市场,开始时都从最底层干起。不久约翰受到总经理的青睐,从领班直到部门经理。乔治却像被人遗忘了一般,还在最底层混。有一天乔治忍无可忍,向总经理提出辞呈,并痛斥总经理用人不公平。

总经理耐心地听着,他了解这个小伙子,工作肯吃苦,但似乎缺少了点什么,他忽然有了个主意。

"乔治先生,"总经理说:"请你马上到集市上去,看看今天有什么卖的。"

乔治很快从集市回来说,刚才集市上只有一个农民拉了车玉米卖。

"一车大约有多少袋,多少斤?"总经理问。乔治又跑去,回来说有10袋。

"价格多少?"

乔治再次跑到集上。

总经理望着跑得气喘吁吁的他说:"请休息一会吧,你看看约翰是怎么做的。"说完叫来约翰对他说:"约翰先生,请你马上到集市上去,看看今天有什么卖的。"

约翰很快回来了,说到现在为止只有一个农民在卖玉米,有10袋,价格适中,质量很好,他带回几个让总经理看看。这个农民过会儿还将弄几筐红薯上市,据他看价格还公道,可以进一些货。这种价格的红薯总经理可能会要,所以他不仅带回了几个红薯做样品,而且还把那个农民也带来了,他现在正在外面等回话。

总经理看了一眼红了脸的乔治,说:"请他进来。"

美国福特汽车公司是美国最早、最大的汽车公司之一。1956年，该公司推出了一款新车。这款汽车式样、功能都很好，价钱也不贵，但是很奇怪，竟然销路平平，和当初设想的完全相反。

公司的经理们急得就像热锅上的蚂蚁，但绞尽脑汁也找不到让产品畅销的办法。这时，在福特汽车销售量居全国末位的费城地区，一位毕业不久的大学生，对这款新车产生了浓厚的兴趣，他就是艾柯卡。

艾柯卡当时是福特汽车公司的一位见习工程师，本来与汽车的销售毫无关系。但是，公司老总因为这款新车滞销而着急的神情，却深深地印在他的脑海里。

他开始琢磨：我能不能想办法让这款汽车畅销起来？终于有一天，他灵机一动，径直来到经理办公室，向经理提出了一个创意，在报上登广告，内容为："花56美元买一辆56型福特。"

这个创意的具体做法是：谁想买一辆1956年生产的福特汽车，只需先付20％的货款，余下部分可按每月付56美元的办法逐步付清。

他的建议得到了采纳。结果，这一办法十分灵验，"花56美元买一辆56型福特"的广告人人皆知。

"花56美元买一辆56型福特"的做法，不但打消了很多人对车价的顾虑，还给人创造了"每个月才花56美元，实在是太合算了"的印象。

奇迹就在这样一句简单的广告词中产生了：短短3个月，该款汽车在费城地区的销售量，就从原来的末位一跃而为全国的冠军。

这位年轻工程师的才能很快受到赏识，总部将他调到华盛顿，并委任他为地区经理。

后来，艾柯卡不断地根据公司的发展趋势，推出了一系列富有创意的举措，最终坐上了福特公司总裁的宝座。

主动地去寻找困难，解决困难，比别人多想一步，多做一步，往往这一步就能迈向成功。

　　我们所看到的荣耀都是建立在长久的勤勉的基础上，没有谁能不通过勤奋就获得成就。所以，当你艳羡别人成功的时候，不要再浪费时间了，从现在就开始勤奋！

　　有人说：贪图安逸将会使人堕落，无所事事会令人退化，只有勤奋工作才是最高尚的，才能给人带来真正的幸福和乐趣。

　　让我们勤奋工作吧！勤奋是通往荣誉圣殿的必经之路。

西点军校炮台

绝 不 拖 延

西点军校创造了一个理想的教育环境,在这个环境中,"学员并不是随随便便无论什么时候想在图书馆都行,他必须在规定的时间里尽最大努力干完规定的事,他必须今日事今日毕,绝不能将任何事情拖到第二天"。

"绝不将任何事情拖到第二天"的要求,使学员自觉适应军校生活、自觉完成规定课程、自觉提高自己的意识明显增强,在西点军校,每个学员都有责任了解军官基本素质培训的标准,并严格按规划要求达到这个标准。在第一学年里,学员要熟悉 4 年教育计划的主要条款。不同教育组织者要与学员共同研究具体落实目标。比如军事教育计划,连战术教官将在秋季学期中与每个一年级学员讨论具体实施问题。学员要正确估价自己的信念、价值、信仰和人生观,进行合理的自我评价,对要达到的目标和标准作出承诺。在第二学年里,学员通过承担一定的责任和领导职务(如在野外训练中担任上士、副班长、营区值日员等),以及增加的特权,加深对自我约束重要意义的认识。对个人负责需要毫不含糊,对更大范围的事情负责更要毫不马虎,表现出军人的干净利落。三、四年级更是如此。

"所有学员请注意:5 分钟内集合,进行午间操练。请在野战夹克里面套上作战服。"现在是上午 11 点 55 分,天气寒冷。在哈得逊河的一个河湾的上空,北风呼啸。北风穿过西点平原,冲击着美国陆军军官学校的六层楼花岗石堡垒。

这是一座巨大的、历史悠久的城堡式建筑。乔治·华盛顿将军的塑像俯临阅兵场,艾森豪威尔、麦克阿瑟和塞耶的雕像挺立两侧。几座方正朴实的石头建筑是兵营,它们分别以布莱德利、李和潘兴等名将命名。

"离午间操练的集合时间还有4分钟。"营房里的新生站立着,严阵以待,计算着离规定的餐前集合还有几分钟。在营房的过道,每隔50英尺就有钟,看时间很方便。

学员迅速涌向营房之间铺着柏油的大操场。一年四季,他们每天都要至少两次集合操练。"站好队!"一声令下,一群松散的人顿时排成整齐的队形——每个方阵是一个排,四个排组成一个连,四个连编成一个营,而两个营编为一个团。"立正!"所有目光立即望向前方。

列队是西点的必修课。可以称之为点名的简单操练:从排长开始一级级向上汇报到队学员的数目。当然,列队的意义远不止于此。学员们以此种方式聚在这里,二百年来天天如此。

解散令下,学员开始列队前进。队列看上去是编排好的——士兵分12列从各个方向整齐地快步走出操场。几分钟后操场上空无一人。数千学员消失无踪,操场上一片寂静。你也许会认为,这是一次极不可思议的操练,是一件奇特而美好的事情。

西点人都有着强烈的时间观念,决不迟到、决不拖延。任何不遵守时间的举动都将可能造成不可收拾的恶果。

"绝不将任何事情拖延",这是严格的军人准则,也是战争需要的准则。迅捷、及时、准确,是军事活动中最宝贵的概念。就作战来说,快速准确,才能出其不意,攻其不备,使敌人措手不及;才能把握战机,争取主动,稳操胜券。拿破仑的滑铁卢战役,如果增援部队按计划到达,欧洲的历史就很可能重写。一个偶然的失误,改变了历史进程,从

另一个方面说明了快速准确、雷厉风行的军事意义和政治意义。

著名的埃克森-美孚石油公司把"绝不拖延"也列为公司员工的一条重要行为准则。

在"绝不拖延"的理念指导下,埃克森-美孚石油公司创建了效率速度部。这个创意来自一级方程式赛车(F_1),这一世界顶级赛事完美地诠释了"速度"的价值。

创意人约翰·丹尼斯自己也十分强调"决不拖延"的理念。在他的办公室数字墙上,你可以看到这样几句话:

决不拖延!

如果我拖延下去,我将会怎么样?

如果将工作拖到以后再去做,那么会发生什么?

有一次,丹尼斯和他的一位副手到公司各部门巡视工作。到达休斯敦一个区加油站的时候,已经是下午15点了,丹尼斯却看见油价告示牌上公布的还是昨天的数字,并没有按照总部指令将油价下调"5美分/加仑"公布,他十分恼火。

丹尼斯立即让助手找来了加油站的主管弗里奇。

远远地望见这位主管,他就指着报价牌大声说道:"弗里奇先生,你大概还熟睡在昨天的梦里吧!要知道,你的拖延已经给我们公司的荣誉造成很大损失,因为我们收取的单价比我们公布的单价高出了5美分,我们的客户完全可以在休斯敦的很多场合,贬损我们的管理水平,并使我们的公司被传为笑柄。"

意识到问题的严重性,弗里奇先生连忙说道:"是的,我立刻去办。"

看见告示牌上的油价得到更正以后,丹尼斯面带微笑说:"如果我告诉你,你腰间的皮带断了,而你却不立刻去更换它或者修理它,那么，当众出丑的只有你自己。这是与我们竞争财富排行榜第一把交椅的沃尔玛商店的信条，你应该记住。"

然后，丹尼斯和助手一起离开了加油站。从此之后，那位主管弗里奇先生做事再也不拖拖拉拉了。

我们每个人或多或少都存在着拖延这一不良习惯。我们总是为因拖延时间而造成的结果懊恼不已，但是转眼却把教训和懊恼抛之脑后，在下一次遇到类似的情况时，又会惯性地拖延下去。

拖延是一种危害人成功与发展的恶习，是可怕的精神腐蚀剂。试想一下，你如果拖延了一件事，那必定就占用了之后处理其他事情的时间，如此积累，你将拖延多少事，浪费多少机遇，造成多大的损失呢？不仅如此，拖延的习惯还会滋长人的惰性，一旦产生了惰性，人便失去了前进的动力。

拿破仑因为迟到了一分钟而导致兵败滑铁卢，我们又会因为拖延失去什么呢？

"绝不拖延"就意味着高效率的工作，是在相应的时间处理相应的事。拖延是一种顽固的恶习，但绝不是不可改变的天性。一旦你摒弃了拖延的坏毛病，那你就等于成功了一半。

世界织布业的巨头之一威尔福莱特·康，在他为事业奋斗了大半辈子、别人都以为他已功成名就时，他总感觉到自己生活中缺了点什么东西似的，他想起了自己儿时的梦想——画画。

小时候，他曾梦想成为一名画家，但出于种种原因，他已经数十年未能拿起画笔了。现在去学画画还来得及吗？能抽出时间吗？思前想后，他决心要圆这个梦想，计划每天从百忙中抽出一个小时来安心画画。

威尔福莱特·康是个有毅力的人，他真的坚持了下来，多年以后

他在画画上也得到了不菲的回报——多次成功举办个人画展，油画十分惹人喜爱。威尔福莱特·康在谈起自己在画画上的成功时说，"过去我很想画画，但从未学过油画，我曾不敢相信自己花了力气会有很大的收获。记得富兰克林·费尔德精辟地说过这么一句话：'成功与失败的分水岭可以用这几个字来表达——我没有时间。'当我决定学油画时，我想我应该能做到每天抽一小时来画画。"

作为一个大企业的负责人，要做到这一点是很不容易的。威尔福莱特·康为了保证这一小时不受干扰，唯一的办法就是每天早晨5点前就起床，一直画到吃早饭。威尔福莱特·康后来回忆说，"其实那并不算苦，一旦我决定每天在这一小时里学画，每天清晨这个时候，渴望和追求就会把我唤醒，怎么也不想再睡了。"

他把楼顶改为画室，几年来他从未放过早晨的这一小时，而时间给他的报酬也是惊人的。他的油画大量在画展上出现，他还举办了多次个人画展，其中有几百幅画以高价被买走了。他把这一小时作画所得的全部收入变为奖学金，资助那些搞艺术的优秀学生。

"捐赠这点钱算不了什么，只是我的一半收获；从画画中我所获得的启迪和愉悦才是我最大的收获！"

每个人每天都有同样多的时间，成功人士的秘诀在于总能为自己"挤出"所需要的时间，平庸之辈则总是"没有"时间。

合理安排时间，绝不拖延，立即去做，任何时间都不晚。

Chapter 12

正　　直

追 求 真 理

　　西点军校不仅仅是一所培育军事人才的著名院校,更多的是塑造人的一所学校,是传授知识、追求真理的学校。

　　西点学员的祷词,也是美国军事院校学员队的祷词,有如下内容:

　　为我们超越普通生活水平而努力加油吧。我们宁可选择困难而正确的东西,而不选择容易而错误的东西;只要能获得全部真理,就决不满足于一知半解。赋予我们勇气吧,这种勇气产生于对所有高尚可敬之人的忠诚;对邪恶和不公正毫不妥协;在真理和正义处于危急时刻无所畏惧。

　　西点学员每天都要默诵上述祷词走进知识的殿堂。在西点,军人首先是学者,是追求真理与知识的先锋,军人学者必须无畏而豪迈地面对真理。

　　他是英国一位年轻的建筑设计师,很幸运地被邀请参加了温泽市政府大厅的设计。他运用工程力学的知识,根据自己的经验,很巧妙地设计了只用一根柱子支撑大厅天顶的方案。

　　一年后,市政府请权威人士进行验收时,对他设计的一根支柱提出了异议。他们认为,用一根柱子支撑天花板太危险了,要求他再多加几根柱子。

年轻的设计师十分自信,他说:"只要用一根柱子便足以保证大厅的稳固。"他详细地通过计算和列举相关实例加以说明,拒绝了工程验收专家们的建议。

他的固执惹恼了市政官员,年轻的设计师险些因此被送上法庭。

在万不得已的情况下,他只好在大厅四周增加了 4 根柱子。不过,这四根柱子全都没有接触天花板,其间相隔了无法察觉的两毫米。

时光如梭,岁月更迭,一晃就是 300 年。300 年的时间里,市政官员换了一批又一批,市府大厅坚固如初。直到 20 世纪后期,市政府准备修缮大厅的天顶时,才发现了这个秘密。最为人们称奇的,是这位建筑师当年刻在中央圆柱顶端的一行字:

自信和真理只需要一根支柱。

这个其实只有一根柱子支撑的市政大厅无疑是对无知最无情的讽刺,也是对真理执著追求的代表。年轻的设计师没有屈服,凭借着深厚的知识和经验积累作为其坚强后盾,创造了这个奇迹,或者不能说是奇迹,而仅仅是"对真理和科学的一点坚持"。

坚持自己认为正确的,追求真理,坚持原则,这就是西点人的执著,也是所有成功者的执著。

西点军校作为一个培养领导者或者说成功者的学校,深知对真理执著是建立在对知识和科学的渴求基础上的。在西点,学员不仅仅是接受严格的军事训练,更要学习各类的文化知识。西点相信,一个符合现代社会要求的军人,除了有过硬的军事本领和才能,更要有丰富的知识。

毕业于西点军校又曾经在西点任教的奥马尔·纳尔逊·布莱德利(Omar Nelson Bradley)将军就十分注重文化素养的培养。他认为"有知识素养,善于思考和处事灵活的士兵,才是最有价值的士兵。"并且他还曾这样说过:"在西点任教,不仅使我的洞察力更为敏锐,也大大开阔了我的视野和心胸,令我变得成熟。那些年,我开始认真读书,研究军事历史和人物传记,从前人的错误中学到了很多东西。"

西点从不认为一个只发展了某一方面单一能力的人,是一个真正的人才;一个没有接受过好的教育,没有丰富知识的人,也谈不上是一个真正成功的人。知识使一个人更充实、更崇高,它不仅仅帮助你获取工作、积累财富,而真正影响的是一个人的内在,帮助你开发自己的能力,更好地利用自己的潜能,成为一个真正的胜利者。

9 岁时,艾森豪威尔告别了农家生活,开始到他家对面的林肯小学读书。那时候小学里的课程无非是一些死记硬背、枯燥乏味的东西,一般孩子对这些东西非常厌倦,把学习看作一件苦差事,叫苦不迭。渴望知识的小艾森豪威尔,却非常专注地聆听老先生入神的琅琅诵读。他把自己融入知识的海洋中,恨不得把教师传授的一切东西都装进他小小的脑袋瓜里去。

1904 年,艾森豪威尔 14 岁了。求学若渴的艾森豪威尔需步行很远的路程到城镇北部新建的一所中学读书。那时他每天凌晨四五点钟就爬起来,揣上两块头一天剩下的硬干粮,背上书包,蹑手蹑脚地打开门,沿着小路往中学走去。

天还是如墨一般漆黑,黯淡无光的月亮孤独地挂在天边,这是他唯一的旅伴。小路蜿蜒崎岖,多有尖锐的石块和盘杂的树根,一不留神,就可能陪伴着石头一起滚下坡去,摔得鼻青脸肿。有时阴冷的晨风呼呼地吹过,寂静的山林里充满了一种如鬼魅般的声音,小艾森豪威尔便紧紧捏了一块石头在手中,准备随时用尽全身的力气扔出去。他牢牢地记得父亲告诫他的一句话:

"若是在黑夜中看见两点绿荧荧的光,那八成是狼的眼睛正盯着你。这时你便握一块石头在手中,狼就不敢轻举妄动了。"

新任的历史教师叫苏珊,受过新式学校的正规教育,温文尔雅,风度

翩翩,给艾森豪威尔留下了极深的印象。她优雅的谈吐,对世事的一些看法,都给少年的艾森豪威尔以较大的影响。苏珊认为,学生应该掌握所有的基本学科——英语、历史、数学、拉丁文和自然常识。艾森豪威尔喜欢他的教师,每天的上课时间是他所企盼的最幸福的时刻。

一年冬天,寒流来得特别早,穿着单鞋的艾森豪威尔冻伤了双脚。母亲噙着泪揉搓着他肿胀得无法再塞进鞋里的双脚。她每揉搓一下,艾森豪威尔的脸上便闪过一阵痛苦的抽搐。这天晚上,母亲几乎有些哀求地说:

"小艾克,明儿别去上学了,我让你爸爸给老师捎个口信,请个假。"

"不!我不!"艾森豪威尔睁大双眼,非常着急而坚决地说。

母亲被他的这种口气吓了一跳,手中的动作也停住了。艾森豪威尔从未对母亲粗声大气过。

"你若是继续走路的话,脚会冻掉的。"

"我不怕!"艾森豪威尔的眸子里闪出执著的火花。

次日清晨,天气依然冷得出奇。艾森豪威尔早起了一个小时,借着微弱的灯光,用厚布把疼痛难忍的双脚一层层地裹起来,然后塞进哥哥那双肥大的鞋内,背上书包,咬紧牙关,一步一挪顶着寒风上了路。当他拉动门闩的时候,母亲醒了。她知道没有什么能够改变这个孩子的意愿。灯光摇曳中,她偷偷地落泪了。

知识关系到一个人的一生发展问题,所以教育是最值得渴望成功的人做出投资的。如果说一朵美丽的花朵是因为我们的辛勤浇灌才绽放,那么我们为它所付出的心血和代价就是值得的。

正是有着强烈的求知欲,小艾森豪威尔才顶着严寒和路途的艰难继续前往学校学习。也正是因为他的求知欲,他的知识积累,他成了后人熟知的艾森豪威尔将军。

正直使你受欢迎

在西点军校,军人并非冷酷的代名词。西点军校认为军人不是一个让人敬而远之的角色,相反是在需要时,能为大家提供帮助的人。西点军人应该是正直、谦逊、热情有礼的人。

西点军校规定,学员必需的军事技能有三种:定向技能(目标、方向)、装备使用技能、人际关系技能。

西点认为,军官与其上下级之间关系的牢固程度,可以从他们的相互尊重、信任和信心程度以及道德程度上得到反映。这一关系中尤为重要的是领导者要尊重下级的人格,不论种族和性别,公正待人。官兵之间的紧密关系是十分必要的,特别在战斗中更是如此。战斗中占统治地位的恐惧不是害怕惩罚,而是害怕负伤或死亡。在大多数令人生畏的战斗情形中,只有那些尊重和信赖自己的领导和同伴的士兵,才能有目的地进行战斗,甚至以死相拼。

《美国陆军军官手册》明示,每个士兵都希望确信无疑地得到自己指挥官的公平对待。最能引起士兵响应的动力是得到指挥官的信任、保护和尊重,并与他们同甘共苦,生死与共。军官绝不能在士兵中有自己偏爱的朋友或"哥儿们",军官不得成为"老伙计",也不得成为"老兄老弟"。如果军官深得部属拥戴,那只能是善于领导,办事公正,知识丰富和决策明智。西点正是从这些实际需要出发,引导学员获得人际关系的技能。

军官与军官之间的关系也十分重要。陆军军官是美国公众中的

典型代表,国家幸福和国防安全利益把这个由不同成分组成的群体凝聚到一起。连接军官之间的友谊纽带使军官队伍得到加强。同其他职业一样,军官中存在着竞争,但要求是健康的竞争,与人为善的,专业上互相尊重的,机会均等的竞争。军官必须成为为国效劳的模范,并树立起大多数青年都愿意效仿的形象。西点正是从陆军甚至美国的需要出发培养学员的。

人际关系是成功的重要因素。

西点军校有计划地培养学员在人际关系方面的种种技能。比如,与所有团体的人们交往的技能,包括与女兵、少数民族士兵以及种种民间人士的交往,影响人们态度和信念的技能,包括道德征服,人格引导,说服教戒等;在部队中通过商讨、说教和争论有关问题,形成种种非正式准则的技能。

人际交往技能优化了学员的人格。而西点又把培养学员正直的品格放在首位。正直被西点认为是一名军人的核心品格,并且恰恰是现在许多年轻人所缺乏的。

成为西点的学员之后,长官都会多次强调正直谦逊的品格。没有正直的品格就可能背叛,没有正直的品格就没有个人的荣誉。

手术室里,一位年轻的护士第一次跟一位著名的外科医生合作,并且担任责任护士。

手术进行了很久,在即将缝合时,女护士严肃地对医生说:"我们手术总共用去了 15 块纱布,可我只见您取出了 14 块。"

医生摇摇头:"纱布一块也没漏下,别耽搁时间了。"

"不!"女护士执拗地说,"肯定用了 15 块,还有一块没取出来,我们不能缝合。"

医生不予理睬,对其他人说道:"手术一切正常,现在听我的,快缝合。"

"您不能这样，"女护士叫了起来，"我们得为病人负责。"

医生脸上忽然露出一丝笑容，他现出了一直捏在左手心的第 15 块纱布。"从今以后，你就是我的正式助手。"医生高声对年轻的护士说。

只有勇于坚持自己原则的正直的人才不会在迷茫或是困境中迷失自己的方向。而一旦丢弃了正直，那就等于丢弃了一个人的人格与名誉，即使这个人有着万贯家产，也将得不到他人的认同与尊重，更不可能实现自己对幸福和成功的愿望。

一个正直的人因为有正义在他的身后作其坚强的后盾，所以能无畏地面对世界。

西点需要正直，而一个企业更需要正直。试想有哪个企业希望自己的员工都是虚伪的欺骗者，都是为了一些蝇头小利把自己的人格和名誉挥霍殆尽的人呢？

正直是一个人内心最高贵的品格之一，有了它才有了荣誉、幸福与成功的可能。

正直的人生，是高贵向上的；丢弃了正直的人生，是卑微低下的。西点军校用它的军规告诉人们：人不只要生存，而且要正直地生存。

忠诚胜于能力

第一次世界大战期间的陆军部长牛顿·贝克将军曾说："在处理日常事情时，有些人也许因为工作的不精确，甚至不真实，受到同事的不敬重，或者受到法律起诉的烦恼。但是，作为一名军官，如果他的工作不精确、不真实，即是在玩弄伙伴的性命，损害政府的荣誉。严格的组织纪律，与其说是一种骄傲，倒不如确切地说，是西点军校的一种教育手段，依靠它来培养学员，使他们具有一丝不苟的诚实的品质。"

这就是西点军校之所以特别注重荣誉教育的理由。

诚实是西点军校荣誉制度的核心内容。在西点军校，虽然有过几次大规模的改革，但是基本上都没有触动西点的荣誉制度和荣誉准则，因为这些制度和准则是保证言行如一、诺言得到履行的有效方式。

从西点走出来的陆军部长牛顿·贝克曾说："士兵的不诚实就是拿自己伙伴们的生命和政府的荣誉开玩笑。因此，对士兵来说，这一问题已经不再是什么自豪自尊的问题，它已成为一种绝对的需要，这就迫使西点要求其学员养成一种优秀的性格，即毫不含糊、不打折扣、绝对忠诚可靠的性格。"

做人就应当以诚信为本。没有一诺千金，没有正直忠诚的道德勇气，很难成就不凡的事业。西点一再强调，坚定地履行诺言是很困难的，但实践了诺言的回报是丰厚的。军官对真实的陈述容易被人接受，他们的意见受到尊重，被认为诚恳可信，还可以得到各行各业头面人物的承认，可以说终身受益，取之不尽。

　　诚信在企业中也是无与伦比的一项品质。从普通员工到管理者，每个企业中的一员都应以忠诚来回馈企业。作为企业的一员，忠诚有很多含义。我们应当清楚地意识到自己的责任，以企业利益为先，恪守企业的经营原则，为企业履行承诺，规避风险，积极实现企业的商业目标，这样才是一名忠诚的员工。

　　美国微软有一名员工，盗用公司的软件。在公司内部购买一套软件，可能只要10美元，改了号码，到别的工厂做了一个新包装，出去卖几千美元，就这样他赚了两百多万。最终，这件事情还是被公司发现了。公司把这名员工告上了法庭，在出庭前这名员工自杀了。

　　故事中的这名员工因为一时的贪念出卖了自己企业的机密，不但毁了自己的个人信誉和前途，更把自己送上了绝路。诚实是个人荣誉。西点坚信，不图私利，忠于职守，才能把任务完成得尽善尽美。而那些在利益面前丢弃了忠诚的人，必定会遭到惩罚。

　　1861年4月12日凌晨4时30分，伴随着萨姆特堡的隆隆炮声，蓄势已久的美国南北战争爆发了。战争爆发后，南方奴隶主率领的军队包围了萨姆特堡。北方军队的一位陆军上校接到命令，保护军用的棉花。他接到命令后对他的长官说："我不会让一袋棉花丢失。"

　　没过多久，美国北方一家棉纺厂的代表来拜访他，说："如果您手下留情，睁一眼闭一眼，您就将得到5 000美元的酬劳。"

　　上校痛骂了那个人，把厂长和他的随从赶出去，说："你们怎么想出这么卑鄙的想法？前方的战士正在为你们拼命，为你们流血，你们却想拿走他们的生活必需品。赶快给我走开，不然我就要开枪了。"

　　可是由于战争的爆发，南方农场主的棉花运不到北方，又有一些

需要棉花的北方人来拜访他,并且许诺给他1万美元作为酬劳。

上校的儿子最近生了重病,已经花掉了家里的大部分积蓄,就在刚才他还收到妻子发来的电报,说家里已经快没钱付医疗费了,请他想想办法。上校知道这1万美元对于他来说就是儿子的生命,有了钱儿子就有救,可他还是像上次一样把那个贿赂他的人赶走了。因为他已经向上司保证过:"不会让一袋棉花丢失。"

又过不久,第三拨人来了,这次给他的酬劳是2万美元。上校这一次没有骂他们,很平静地说:"我的儿子正在发烧,烧得耳朵听不见了,我很想收这笔钱。但是我的良心告诉我,我不能收这笔钱,不能为了我的儿子害得十几万士兵在寒冷的冬天没有棉衣穿,没有被子盖。"

那些来贿赂他的人听了,对上校的品格非常敬佩,他们很惭愧地离开了上校的办公室。

后来,上校找到他的上司,对上司说:"我知道我应该遵守诺言,可是我儿子的病很需要钱,我现在的职位又受到很多诱惑,我怕我有一天把持不住自己,收了别人的钱。所以我请求辞职,请您派一个不急需钱的人来做这项工作。"

他的上司非常赞赏他诚实正直的品性。最终他的上司批准了他的辞职申请,并且帮助他筹措了资金来支付医药费。

如果违背了忠诚,我们可能获得可观的利益,这就构成了诱惑。如果一位员工恰好处于需要钱的情况下,的确很难抗拒这种诱惑。唯有很强的职业道德品质和诚信精神才可能抵挡。故事中的上校,凭借对军队的忠诚,抵挡住了这种诱惑,维护了个人的荣誉。

忠诚带来荣誉,忠诚胜于能力。一个只有忠诚,只能用言语来表达忠诚的人是一个无用之人,但一个有能力却用于不正当目的的人却会走上绝路。

胸襟广阔

　　西点军校虽然是一所培养军事力量的学校,但却教导学生:征服人心并不是依靠武力,而是依靠爱和宽容。西点信奉这样的格言:**天空收容每一片云彩,不论美丑,故天空广阔无比。做人也是一样,胸襟广阔,才拥有更高的风度和境界。**

　　罗伯特·李将军和里塞斯·格兰特将军都是一代名将,其中,格兰特作为后辈打败了偶像一般存在的李将军。在李将军战败后率领南军投降时,两人之间有过一段非常精彩的故事,两个名将之间一笑泯恩仇,因为彼此都拥有广阔的胸襟而能够友好相处。

　　1865 年 4 月,罗伯特·李将军和里塞斯·格兰特将军约定在弗吉尼亚州拓克斯镇会面,商议李将军麾下 2.8 万军人投降的条件。在此之前,格兰特已经和林肯有着共识,他们将以宽容的心态接受对方的投降,将尽可能给予很好的条件来使得美国尽快从战火中平息下来。

　　李将军准时到达了指定的地方,南军的战败让他颇有沧桑之色,但是他仍然保持着干净整洁的仪表、无可挑剔的风度,就如同往常一样。格兰特恭敬可亲地将投降条件文件交给李将军。

　　李将军看完之后说道:"感谢你们的宽容和大度,我可以再提一个要求吗?"

　　格兰特将军回答道:"如果我能办到将不胜荣幸。"

　　李将军继续说道:"感谢你们非常大度地让我的军官保有马匹,我

希望骑兵们也能保留他们的马匹。将来他们的生活或许会非常需要这些马匹。"

格兰特非常敬佩李将军关键时刻保护下属的责任感，更钦佩他并没有将战败的责任推给下属，而是宽容对待他们并一力承担困难，根据格兰特和林肯的准备，这件事情在格兰特可以决定的范围之内，于是他回答："我理解。作为骑兵将来很可能还会需要马匹谋生，当然应该留给他们。"

于是，两位名将就这样握手言和。在后来的岁月中，两人多次在公开场合赞美对方，并共同投身到美国重建的事业中去。

大海因为能容，所以能纳百川。贤士懂得接纳，才会广纳忠言，不断进取。

毕业于剑桥大学的英国前首相鲍尔温对于宽容作了如下的评点：这是一种伟大的品格，是人生的桂冠和荣耀。它是一个人高贵的财产，它构成了人的地位和身份。

林肯被选举为美国总统之后，任命了一个强有力的政敌担任要职，他的幕僚都非常的不理解。但林肯只是笑了笑答道："把敌人变成朋友，既消灭了敌人，还多了一个朋友，何乐而不为？"这就是林肯的胸襟和智慧。胸襟的宽广决定了他处世的高度，没有这份胸襟和气度，林肯又怎么可能从贵族林立的政客中杀出重围成为美国历史上最著名的总统呢？

胸襟广阔，代表你能够站在别人的角度思考问题，代表你能够从善如流合理采纳他人的建议，代表你能够用一种成熟有高度的方式处世。

人与人的相处总会存在大大小小的摩擦，这就需要我们每个人有所听，有所不听，当人家对你表示关爱时，请你洗耳恭听；相反的，当他们正在情绪之中，那时他们的言语并非他们心中的本意，你又何必听进去呢？

西点军校毕业生马克斯维尔将军曾经说过："在生活中，我们要克服来自生活本身的阻力，也要能够容忍他人偶尔不友好的态度。"多一点宽容，在接纳身边朋友优点的同时，也接纳他们的缺点；在接纳对己赞美的同时，也接纳对己的忠言。愿宽容成为我们交往过程中的磁场，使我们在与人相处中变得更加具有凝聚力和感召力。

本杰明·富兰克林曾经获得的杰出成就和他的胸襟与气度密不可分。

富兰克林出生于一个铁匠家庭，12 岁时就到费城打工。费城一个阴险狡诈的印刷厂厂长雇佣了他。当时富兰克林已经是个熟练的机器操作员，并且拥有家传的制作字模的方法。但他并没有藏着自己的本事，而是对一些薪水低廉的操作工人倾囊相授。

那厂长眼看廉价劳工已经学会了富兰克林的技术，就开始无缘无故找富兰克林的麻烦甚至克扣他的工资。当富兰克林发现他的阴谋时，对他说："行了，不用绕弯子了，我会主动离开这里。而且你可以放心，在我最后工作的几天中，我仍然会把技术传授给那些工人，这样的话，如果将来他们被你开除，还可以凭手艺找到一份好工作。"

后来，在富兰克林发展的道路上，那些他曾经无私帮助过的人都给予了他莫大的支持。他在二十多岁时正是依靠与朋友合办了一个印刷厂而起家。富兰克林是美国历史上著名的科学家、文学家、音乐家和政治家，迄今为止，百元美钞的头像仍然是本杰明·富兰克林。

如果富兰克林从未真心实意帮助过那些工人，后来他难以获得如此之多的助力。如果当时富兰克林因为那个印刷厂长而愤世嫉俗，从此变得与人斤斤计较，甚至被仇恨所左右，那么他不可能拥有后来的成就。宽容就是有这样的力量，能够让你少一份阻力，多一份成功的

机会。

　　当然宽容也是有限度的,那是明辨是非之后的一种胸襟和态度,而不是对于得寸进尺之人的纵容与怯懦。真正的宽容是对异己的包容,对陌生的欢迎,和对不如己者的体谅。真正的胸襟是一种用天下之才,尽天下之利的气度。这样才能获得更多的朋友,成就更高的事业。

西点军校校园一角

Chapter 13

竞　　争

终 生 拼 搏

"给我任何一个人，只要不是精神病人，我都能把他训练成一个优秀的人才。"这是西点军校一位校长的名言。

在西点军校，没有失败，只有暂时的不成功。现在的失败只意味着你还要更加努力；如果现在你是胜利者，那你也不能停止自己前进的步伐，必须终生拼搏，不断提升自己。在西点，永远没有最好！

现任微软全球副总裁、华裔美国科学家、微软中国研究院院长李开复是一位在语音识别、人工智能、三维图形和国际互联网多媒体等领域享有很高声誉的人，他曾经这样说：

"我在苹果公司工作的时候，有一天老板突然问我什么时候可以接替他的工作。我非常吃惊，表示自己缺乏像他那样的管理经验和能力。但是他却说：'我建议你给自己一些机会展示这方面的能力，你会发现自己的潜力远远超过了想象中的那样。这些经验是可以培养和积累的，我希望你在两年后可以做到。'

"正是有了这样的提醒和鼓励，我开始有意识地加强自己在这方面的学习和实践。果真，在两年后，我接替了他的工作。

"我也把这句话送给年轻人，我建议你们也给自己一些机会展示这方面的能力，你或许会像我一样，惊讶于自己在这方面的能力远远超过了想象中那样。

"只在一所好大学取得好成绩、好名次，就认为自己已经功成名就

是非常可笑的事情。人的潜力是无限的,你不主动尝试新的机会,你就永远也不知道自己还能做什么。

"要知道,山外有山,天外有天。在 21 世纪,竞争没有疆界,你应该开放思维,站在一个更高的起点,给自己设定一个更具挑战的标准,才会有准确的努力方向和广阔的前景,切不可做井底之蛙,满足于目前的成就。"

一个人的潜力是无限的,我们只要有不断提升自己的意识,就完全有可能做到自我超越。

与历史上的任何时刻相比,我们的社会从来没有像现在这样热切地呼唤具有实际能力、具有广博知识的有用之才。

在现代这个快速发展的社会,仅仅靠原来年轻时学习的知识或积累的经验往往是不够的。我们不仅要了解知识和教育有着重要的作用,更要明白知识是不断推陈出新的,所有的知识都需要我们不断学习更新。

西点军校校园

西点的"终生拼搏"精神就告诉我们这样一个道理：一个人需要不断更新自身的知识来提升自己，而这个过程永远没有尽头，一个人必须终生学习，终生拼搏。

杰克在国际贸易公司上班，他很不满意自己的工作，忿忿地对朋友说："我的老板一点也不把我放在眼里，改天我要对他拍桌子，然后辞职不干。"

"你对于公司业务完全弄清楚了吗？对于他们做国际贸易的窍门都搞通了吗？"他的朋友反问。

"没有！"

"君子报仇三年不晚，我建议你好好地把公司的贸易技巧、商业文书和公司运营完全搞通，甚至如何修理复印机的小故障都学会，然后辞职不干。"朋友说，"你用他们的公司，做免费学习的地方，什么东西都会了之后，再一走了之，不是既有收获又出了气吗？"

杰克听从了朋友的建议，从此便默记偷学，下班之后，也留在办公室研究商业文书。

一年后，朋友问他："你现在许多东西都学会了，可以准备拍桌子不干了吧？"

"可是我发现近半年来，老板对我刮目相看，最近更是不断委以重任，又升官，又加薪，我现在是公司的红人了！"

"这是我早就料到的！"他的朋友笑着说，"当初老板不重视你，是因为你的能力不足，却又不努力学习；而后你痛下苦功，能力不断提高，老板当然会对你刮目相看。"

成功者总是力求做到最好，不断提升自己，而失败者却总是为自己寻找借口，满足于已经获得的，这就是成功者与失败者的区别。

无论你是否已经错过了汲取知识最佳的时机，不论你处在怎样的

境地,你都有机会提升自己,只要你不放弃拼搏!

《昆虫记》的作者法布尔在少年时代,家境困难,中学没念完就去谋生了。他曾经沿街叫卖汽水,也在铁路上当过小工。他认识到,唯有知识能够帮助他摆脱困境,便忙里偷闲地自学。15岁时,他以第一名的优异成绩考上了阿维尼翁师范学校,并获得了奖学金。

毕业后,他成了一名中学教师。学校条件很差,他的薪水也很低,勉强能够糊口。但他仍然坚持学习。他没钱买书,就到图书馆借阅,他什么书都读,有数学方面的,有物理学方面的,有化学方面的,有教育学方面的,还有生物学方面的。遇到难题时,他废寝忘食。坚持不懈的业余自修使他获得了数学学士学位、物理学学士学位、自然科学学士学位、数学硕士学位和物理学硕士学位。31岁时,他又以《关于兰科植物节结的研究》和《关于再生器官的解剖学研究及多足纲动物发育的研究》这两篇专业性极强、学术性极高的论文,获得了自然科学博士学位。

当中学老师时,他曾经很羡慕大学老师,梦想有朝一日能在大学里讲课。由于在中学里坚持自然科学研究并有突出成就,他受到了拿破仑三世的接见,接着阿维尼翁的大学邀请他不定期地开讲座。只是由于他“当着女大学生的面讲植物两性繁殖”,被指责为“其是有颠覆性的危险人物”,他才一怒之下离开了大学讲台。当时,法布尔在昆虫学界已经拥有相当大的影响力,达尔文在《物种起源》中已将他称为“难以效法的观察家”。

人的一生都是宝贵的,都是学习知识、受教育的时间。可能有人认为,过了宝贵的青年时期,就失去了读书学习的时机,到了晚年就更不可能学习什么东西了。实际上,学习的时间要靠自己把握和积累,哪怕只是利用自己一些空闲的时间,哪怕你已经人到中年,你也一样可以弥补年轻时的遗憾,甚至获得意想不到的成就。相反,如果你接受了较好的教育,从此就不思进取,不再学习,就靠自己早期学习的一些知识来维持,那也几乎是不可能的了。只有不断更新自己的知识结构,才可能不断提升自己。

　　终生学习,终生拼搏! 唯有这样,才能让你的成功之路走得更快更远。

西点军校校园

只有第一

西点军校崇尚第一,要求每个人都努力争取第一。战场上除了胜利就是失败,没有平局可言。西点不需要弱者,唯有胜利能证明一切。

西点人注重胜利,并且在学员中间不断强化胜利意识,他们在认识到获得球赛的胜利和获得战争的胜利有许多相似之处时,就把体育运动广泛地引进学员生活之中。体育和战争的本质都是双方的对抗,最后决出胜负,而其关键就是"获胜"。

1961 年,西点军校橄榄球队在一系列比赛中连连败阵,军校当局撤掉了文斯·隆巴迪的教练之职,同时委任受人欢迎的波尔·迪茨尔任新教练。校长威斯特摩兰解释说:"委任迪茨尔担任西点军校橄榄球队的教练,是为了国家的利益,为了陆军的利益,为了西点军校的利益。经过我们大家的共同努力,总算找到了一位能'取胜'的理想教练。"

有了获胜的念头,才有可能获胜,一个没有胜利欲望的军队,又怎么可能获得胜利呢?"只有第一"的信念激发了西点人胜利的欲望,培养西点人在任何困境中都充满勇气和信心,促使西点人敢于竞争,并通过实际的努力来获得最终的胜利。

西点人明白,胜利是最好的说明。胜利说明力量,说明人格,说明成就,说明一切。所以西点的教官十分注重向学员灌输胜利意识,让所有的学员明白只有胜利,只有竞争,只有夺得第一才能带来荣誉。

尽管注重胜利,要求所有的学员都努力争取第一,但是西点并不提倡"胜者王侯败者寇"的观念。追求胜利,重视胜利,同时也关心胜利中的道德因素,或失败中的道德评价,这表现了西点人的豁达和宽容。

罗伯特·李将军就是一个深受崇拜的失败英雄。

1870 年春,罗伯特·李乘火车去南方休假,沿途的车站挤满了欢迎的人群,"李! 李!"的喊声此起彼伏,就连偏僻的小站都挤满了人。李没有下车,甚至连车窗都没有打开。"我不过是一个可怜的、失败的南部邦联的老头罢了。"李暗暗地说。

当火车到达南卡罗来纳州的哥伦比亚时,浩浩荡荡的南部联邦军老战士冒着倾盆大雨,列队走到车站,鼓号齐鸣。一长排前军官站在月台上。老人明白自己必须下车了,他走进雨中接受花束和欢呼。

这位南北战争中的败军之将,在西点的陈列室里占据着十分突出的位置。他的画像与西点出身的第一位总统格兰特的画像挨在一起。西点人对他的军事指挥才能和人格都十分崇敬。

也许罗伯特·李是个例外。因为他创造过战史奇迹,只是最后,在实力相差悬殊的情况下他才败下阵来,而且是自己主动败阵,他的败阵为美国赢得了和平。

西点人重视荣誉,渴望通过胜利来获得荣誉,但是也重视胜利背后的道德,正是这样的道德支持着西点人追求胜利的信念。

在当今竞争日趋激烈的社会,并非每个人都能成为第一,但是每个人都可以拥有第一的梦想。只有第一,争取第一,是一种积极向上的心态,它为西点人甚至所有人创造了一个奋斗的目标,一种前进的动力。

没 有 最 好

没有最好，只有更好。在西点，这不仅仅是一句口号，更是一个深入人心的观念。西点军校的学员，在校期间都被灌输着这样的思想：永远不对自己的现状满意，永远向着更高的目标前进，你永远可以做得更好。

西点精神认为，一个人一旦满足于自己获得的成就，便失去了继续前进的动力，不再追求更高的目标。而在这个竞争日趋激烈的社会，不前进便意味着后退，就可能被无情地淘汰。一旦你停止前进，便会被别人所赶超。

西点保持着高淘汰率，不能在严酷的训练中坚持下来的就只能离开。西点永远需要最好的领导者，需要永远前行的军人，而不是拥有一点成绩便沾沾自喜的"骄傲的将军"。

24 岁的海军军官卡特，应召去见海曼·李科弗将军。在谈话前让卡特挑选任何他愿意谈论的话题。然后，再问卡特一些问题，结果将军将他问得直冒冷汗。

卡特终于开始明白：自己自认为懂得了很多东西，其实还远远不够。结束谈话时，将军问他在海军学校的学习成绩怎样，卡特立即自豪地说："将军，在 820 人的一个班中，我名列 59 名。"

将军皱了皱眉头，问："为什么你不是第一名呢，你竭尽全力了吗？"

此话如当头棒喝,影响了卡特的一生。此后,他事事竭尽全力,终于成为了美国总统。

"你为什么不是第一?"这句话激醒了满足于自己成绩的骄傲的卡特,让他意识到了自己的不足,从此努力争取做得最好,并最终成为了美国总统。

不是第一就要努力成为第一,而即使你是第一,也永远可以做得更好。在西点军校,没有常胜将军,哪怕你是第一,你也面临更多的挑战。这样的挑战来自他人,同样也来自自己。

西点人挑战他人,挑战自我,永远希望做得更好,它的毕业生用自己的努力为西点军校创就了今日的辉煌。"没有最好,只有更好"如同成功道路上的一盏明灯,让在这条路上前进的人们永远向着前方的光明行进。

三个工人在砌一堵墙。有人过来问他们:"你们在干什么?"

第一个人没好气地说:"没看见吗?砌墙!我正在搬运着那些重得要命的石块呢。这可真是累人哪……"

第二个人抬头苦笑着说:"我们在盖一栋高楼。不过这份工作可真是不轻松啊……"

第三个人满面笑容开心地说:"我们正在建设一座新城市。我们现在所盖的这幢大楼未来将成为城市的标志性建筑之一啊!想想能够参与这样一个工程,真是令人兴奋。"

十年后,第一个人依然在砌墙;第二个人坐在办公室里画图纸——他成了工程师;第三个人,是前两个人的老板。

同样在砌墙的三个工人,最后获得的却是不同的成就。这一切都取决于三个工人的态度。第一个人只是被动地接受工作,只是埋怨工

作,并且仅仅是狭隘地看到了工作的简单流程。第二个人则能够略微提升自己工作的实质,抱怨也少了许多,但也仅仅是满足于目前所做的工作,并没有想过要进一步提升自己。而第三个人才真正站在了一个高度上看待自己的工作,为工作发展制定了更高的目标,决定了自己未来的发展趋势,所以最后获得的成就也就更大。

没有最好,只有更好。无论是企业的普通员工或是企业的领导管理者,"只有更好"的精神都显得十分重要。对一个员工来说,这意味着不断超越自我,意味着获得成功,意味着再创辉煌的可能性。而对于一个企业来说,"只有更好"就标志着持续的发展。

西点军校校园一角

Chapter 14

反　省

谦 虚 做 事

西点军校是在 1802 年由当时的美国第三届总统托马斯·杰弗逊签署法令成立，由此开始了辉煌的历程。

杰弗逊总统以其谦逊的风度和好学的精神而被美国人所牢记。在他那个时代，他几乎像是无所不知的存在，他精通农业、考古和医学，他所发明的小器械为人们带来了便利，而渊博的知识则来自他永远不自满的态度。

杰弗逊出生于美国贵族家庭，他的父亲是军队上将，母亲是名门之后。当时的贵族很少和平民来往，但是杰弗逊却没有秉承这些贵族恶习，而是常常谦虚地向平民讨教各种知识，无论是园丁、仆人、农民或是工人，他都乐于从他们身上汲取有用的知识。

杰弗逊仪表堂堂，风度翩翩，对数学、农艺和建筑学都有颇深的造诣，他自行设计的府邸迄今都是经典建筑，他能够拉得一手漂亮的小提琴，他的谦虚风度让他在社交界非常受欢迎。

他还劝说法国政治家拉法耶特："你应该像我一样去老百姓家里多走走。看看他们吃什么，喝什么，尝一口他们的面包，喝一口他们的水。如果你真的这样做了，就会明白他们不满的原因，也会因此懂得正在酝酿的法国革命的意义所在了。"

一位熟悉杰弗逊的作家曾经这样写道：

"杰弗逊看上去不像总统，更像是一位谦虚的哲学家。在他参加

宣誓就任总统的典礼时，是独自一人骑马而来，然后自己把马拴在栏杆上，然后步行去参加典礼，为人谦虚，行事低调。"

杰弗逊的著作有 50 多卷，现已全部出版。1776 年，他所起草的《独立宣言》曾经让千万人为之振奋。

杰弗逊曾经说过："每个人都是你的老师。"他用自己渊博的知识和谦虚的态度征服了美国民众的心，成为美国历史上著名的总统。**而古希腊著名哲学家苏格拉底同样非常谦虚，在人们赞叹他渊博的学识时，总是回答："我唯一知道的就是我自己的无知。"**

麦克阿瑟将军曾经说过："为了更上一层楼，有时你不仅需要助手，还需要对手。"事实确实如此，如果对人对事有着谦虚的态度，有时候还需要去主动找对手。

海湾战争之后，美国陆军陆续开始使用一种 M1A2 型坦克，这种类型的坦克具有当时世界上最强的防护装甲，而 M1A2 的研制者乔治中校则是美国陆军最优秀的坦克防护专家之一。

此前乔治中校为了研究最优秀的坦克防护装甲，请来了麻省理工学院最优秀的破坏力专家工程师迈克共同组建研究小组，两人以谦虚的态度不断切磋，一个负责防护装甲，另一个则负责摧毁装甲。当时最坚固的坦克就在这种"防护与破坏"周而复始的过程中诞生了。两人也因此共同获得了美国政府的勋章。

如果乔治和迈克不具备谦虚的态度，那么就无法在不断切磋的氛围中产生成果。一个真正成功的人，一个真正超越他人的人，往往是一个谦逊的人。不是因为他逊色于别人，而恰恰是因为他优秀，他明白"人外有人"的道理，就如同任何一门学问都是无穷无尽的海洋，都是无边无际的天空一样，明白得越多，越是了解自己的不足。只有那些什么都只懂得一些,却又不甚精通的人才会处处炫耀自己。

爱因斯坦是 20 世纪世界上最伟大的科学家之一,他的相对论以及他在物理学界其他方面的研究成果,留给我们的是一笔取之不尽、用之不竭的财富。然而,就是他这样一个人,还是在有生之年中不断地学习、研究,活到老,学到老。

有人去问爱因斯坦,说:"您老可谓是物理学界的空前绝后了,何必还要孜孜不倦地学习呢?何不舒舒服服地休息呢?"

爱因斯坦并没有立即回答他这个问题,而是找来一支笔、一张纸,在纸上画上一个大圆和一个小圆,对那位年轻人说:"在目前情况下,在物理学这个领域里可能是我比你懂得略多一些。正如你所知的是这个小圆,我所知的是这个大圆,然而整个物理学知识是无边无际的。对于小圆,它的周长小,即与未知领域的接触面小,他感受到自己未知的少;而大圆与外界接触的这一周长,所以更感到自己未知的东西多,会更加努力地去探索。"

没有一个人能够有骄傲的资本,因为任何一个人,即使他在某一方面的造诣很深,也不能够说他已经彻底精通了。所以,谁也不能够认为自己已经达到了最高境界而停步不前、趾高气扬。如果那样,则必将很快被同行赶上、很快被后人超过。

骄傲就如同一位殷勤的"向导",专门把无知与浅薄的人带进满足与狂妄的大门。一个人,一旦有了满足和狂妄,往往便无法再向前了,相反,一个真正的成功者永远明白自己的不足,正是这些不足敦促着他们向更高的目标前进。

富兰克林年轻时就是个才华横溢的人,但同时也很骄傲轻狂。对此,他浑然不知。

有一天,富兰克林到一家老前辈家去拜访,当他准备从小门进入时,因为门框低了一些,他高昂着的头被狠狠地撞了一下。这时,出门迎接的老前辈告诉富兰克林:"很痛吧! 可是,这将是你今天来这里的最大收获。如果你想实现自己的理想,就必须时时记得低头。"

富兰克林猛然醒悟,也发觉自己正面临失败和社交悲剧的命运。从此他改掉了骄傲的毛病,决心做一个谦逊的人。也就是因为具有了这一美德,他得到了人们的广泛支持,在事业上取得了巨大成功,成了美国开国元勋之一。

越是真诚而谦逊的人,越容易获得他人的好感,得到他人的助力,同时别人也越能看到他的优点;相反,越是骄傲自满的人,自视清高、了不起,往往只会获得别人的嫌恶,让人只是关注到他的缺点。

美国石油大王洛克菲勒就说:"当我从事的石油事业蒸蒸日上时,我晚上睡前总会拍拍自己的额头,告诫自己如今的成就还是微乎其微! 以后路途仍多险阻,若稍一失足,就会前功尽弃,切勿让自满的意念侵吞你的脑袋,当心! 当心!"

同样,即使是比尔·盖茨这样的世界首富,也是一个十分谦虚的人。很多年前,当 Windows 还不存在时,他去请一位软件高手加盟微软,那位高手一直不予理睬。最后禁不住比尔·盖茨的请求,才同意见上一面,但是一见面,这位高手就劈头盖脸讥笑说:"我从没见过比微软做得更烂的操作系统。"但比尔·盖茨没有丝毫的恼怒,反而诚恳地说:"正是因为我们做得不好,才请您加盟。"那位高手愣住了。比尔·盖茨用他谦虚的精神把高手拉进了微软的阵营,后来这位高手成为开发 Windows 的负责人,终于开发出世界最适用的操作系统。

越是有涵养、稳重的成功人士,态度越谦虚,相反,只有那些浅薄地自以为有所成就的人才会骄傲。

盲目骄傲自大的人就像井底之蛙,视野狭窄,自以为是,严重阻碍了自己继续前进的步伐。傲慢者可能有一点小才,但他井蛙窥天般的狭窄视线会使他忽视不断进取的重要性,也使得他无法领会"不进则退"的内涵,逐渐变得无知,然后因无知而变得愚蠢,因愚蠢而变得更加傲慢,逐渐在一个恶性的循环中来回往复,最终贻误了自己。

所以,切勿让骄傲支配了你们。由于骄傲,人们会拒绝有益的劝告和友好的帮助,会失去判断事物的客观标准。

打开自己的心胸,善于接纳更多的信息,善于宽容和尊重暂时比不上自己的人,以人之长,补己之短;有则改之,无则加勉,彻底将傲慢的不良习性抛之脑后,同时也不断地提升自我、完善自我。

西点军校的校园一景

"我"才是问题所在

西点学员格雷格·黑丝汀斯曾经分享过有关自己的一则故事：

    刚进西点军校不久，西点就给我上了一课，这对我日后生活和工作起到了至关重要的作用。军校的学生都是预备军官，因此各个年级之间的等级非常分明。一年级新生被称为"平民"，在学校里地位最低，平时基本上是学长们的杂役和跑腿儿。但是，并没有人会抱怨的，因为一年级结束后我们这些"平民"就可以做学长，再然后成为一名军官。

    更何况我们还可以进行"幽灵行动"，可以给我们"平民"提供了一个向学长发泄不满的途径。所谓"幽灵行动"，其实就是学生团体之间以幽灵为名义，搞恶作剧捉弄对方的活动。比如，在操练的时候把当指挥官的学长强行抬走。恶作剧一般发生在"陆军海军文化交流周"，其中西点和海军军校之间即将进行的橄榄球赛，也会让学员们热血沸腾。

    就在比赛的前一天晚上，一位三年级的学长怀特中士邀请我跟他共同完成一个"幽灵行动"。能受到高年级学生的邀请，我觉得很荣幸，于是立刻答应下来。按照约定，在当天晚上 11 点半，宵禁之后我偷偷溜出寝室，与怀特他们在走廊里汇合，行动的目标是一个来访的海军军校学员，我们的目标就是要把他的宿舍搞得一团糟。这时我有些犹豫觉得这样可能会有些过分，但是怀特和其他学长都说："别担心，我们领头，出了事也跟你没关系。"

于是，大家悄悄摸到"敌人"的宿舍楼，按照事先安排的位置站好。怀特中士用唇语数道："一……二……三！"说时迟，那时快，我和一个二年级学员猛地推开房门，冲到床头，把两大桶、大约5加仑冰冷的橙汁浇到熟睡的学员身上，然后迅速跑出门外。同时另外两个人向房间里投掷了数枚炸弹（扎破的剃须水罐），顿时到处都是白色的泡沫。最后怀特把散发臭气的牛奶泼进屋里，当天晚上的任务算是圆满完成了。我们大家也麻利地跑下楼梯，在楼门口跟负责放哨的队员会合，然后分成几组撤离。

回到房间，我努力让激动的心平静下来。接下来还有一个轻松愉快的周末我已经安排好跟同伴去新泽西玩。但是到了深夜3点钟时，突然有人敲响我的房门，原来被捉弄的那个海军军官向西点安全部投诉，原因是我们所扔的那些酸牛奶和剃须水毁掉了他书桌上昂贵的电子仪器，连同他们床边的旅行箱也未能幸免。

在接受调查时怀特中士竭力为我开脱："是我命令他那么做的，我愿意承担一切责任。"但是训导员不这么认为，他惩罚我们在早饭前把海军军官的寝室变回原样，把弄脏的衣服洗干净。更严重的是训导员宣布，接下来的几个周末，我们都不能休假，而要在校园里受罚。

我当时觉得这一切都非常的不公平，我只不过服从了学长的命令，那么学长就应该对我的行为负责。训导员显然看出了我的不满，训练结束时，他盯着我的眼睛，一字一句地说："在西点，人人都是领导者。即便是个'平民'，你也至少领导着一个人——你自己。因此你自己必须为那天所做的事担负应该承担的责任。"

直到今天，那位教官的话仍然在我耳边回荡。那是西点给我上的第一课：要想成为优秀的领导者，那么先要学会将自己看作问题的根源。

将自己视为问题的根源，在遇到任何问题时，首先想到的是：

"我能够如何改变现状？"

"我要如何处理？"

"我还可以做些什么？"

"我要如何做得比别人更好？"

而不是"谁应该为此事负责？""他应该如何？""为什么他们不能做得好些？""为什么我必须忍受这样的环境？"

要成为卓越的人才，就要将这种把自己视为问题根源的态度根植于内心，形成强烈的责任感，并反映在日常行为中。

有一家国内知名的企业，在他们的办公大楼前面竖立着一块醒目的牌子，上面写着："我是一切的根源。"企业的总裁告诉员工："我们所期待的文化是一种具有责任感的文化，是一种人人都能够承担责任的文化！这就是从我开始承担责任的文化，而不是他人承担责任的文化。以人为本，不仅仅是一人的利益和方便为本，而是应该以人的责任为本！"

西点军校学员列队出操

　　任何人在自己的生活和学习中，如果总是把问题视作别人的，责任视作别人的，那么他就无法从自身角度找到原因，也就无法对自身的能力、行为方式有清晰的认识。长此以往，既无法得到提升和进步，也会越来越难适应周边的环境。

　　我们每个人所做的事情、所制定的目标都是由一件件小事构成的，这些无数的小事就形成了最终的"大事"。所谓的大事其实是由众多的小事积累而成的，因此忽略了小事就难成大事。我们要从小事开始，逐渐锻炼意志，增长智慧，日后才能做大事。如果只是一味地好高骛远，眼高手低，那么只会永远干不成大事。

　　如果一个人总是不能认清自己身上的问题，就不会甘愿于去做一些平凡而又需要积累的事情；如果一个人总是把自身出现的问题归因于别人，就不会懂得如何将寻常事做到不寻常。

　　许多时候，尤其是对年轻人来说，都难免志存高远却忽视走好脚下的路。但事实如同那句老话说的：一屋不扫何以扫天下，每一个伟大的成功背后都有成年累月的勤勉作为铺垫，每一个远大目标的实现都是建立在实现许多小目标的基础上。我们无法跨越这个积累的过程，唯有坚持不懈地做好每一件事，才能帮助我们早日达成成功的梦想。

　　做事情的各个环节也都关乎最终的成败。每一个环节，每一个步骤都需要我们兢兢业业，小处见真章，唯有做好每一件事，将小事也执行到位，才可能执行好，获得成功。

　　不同的态度对待问题，解决问题的结果就会不同，给予你的回报也不同。要能够踏踏实实地把事情做到位，而不是整日空想成功，好高骛远并且眼高手低，首先需要的一个正确态度就是从自己身上找问题，清楚明白地看到自己的问题所在，如此才能够直面问题、改善问题、解决问题。

　　许多年轻人都期待着每天能发生一些不寻常的事情，因为他们认

为这能给他们带来展示自己的机会。但是他们却并没有意识到，通向成功大门的钥匙就藏在每天简单而平常的学习生活中。

他们每天的学习表现、每一次解决问题的结果都会影响自己通向成功的大门是紧闭还是打开。而解决问题的钥匙则藏在我们认清自己、找到自己的问题，并不断改善和解决的过程之中。这就是我们永远将自己看作问题的根源的意义之所在。

西点军校远景

从失败中寻找原因

西点军校鼓励学生去把握住生命中的每一分每一秒,要把学习当成自己终生的事业去追寻和探索。

学生在学校里获得的教育只是人生这一大课堂的一个开端,那些著名而又成绩卓越的学校带给他们的学生的最大的价值在于:让学生能够通过在学校的一系列思维训练去适应以后的生活、工作、终生学习,并且能够去克服生活中的困难和工作中的压力。

西点军校的约翰·科特上尉说:"勇敢地面对挑战,同时大胆采取行动,然后坦然地面对自己。检讨这项行动或成功或失败的原因,你会从中得到经验教训,然后继续向前迈进,这种终生学习的持续过程会成为你在这个瞬息万变的环境中的立足之本。"

西点军校的学生不害怕失败,失败和错误本身也是一种体验。唯有尝过失败的滋味,才会懂得收获的甜味。世间任何事物都不可能一帆风顺。在开始做事之前,在寻找方法之前,我们就应当做好失败的准备,并为自己可能的失败做好备案。

成功永远属于那些不怕失败的人,或者更为确切地说,成功属于那些**能够坦然面对错误和失败,并不断总结教训不断学习的人**。

每个人在还是一个孩子的时候,都是从失败中去获得经验教训并学习成长的。一个孩子先经历了摔跤才慢慢学会走路,先牙牙学语发音都不准才开始慢慢流畅地表达,先对事物一无所知通过学习才掌握社会生活的规则。人类本身就具备从失败中自我修复的能力。

然而很多孩子在慢慢成长的过程中却渐渐丢失了这种从失败中修复的能力。或许是因为当我们从失败中感受到挫折之后，并没有将这种挫折感转化为一种经验和教训，并进行更为有效的二次学习；而是在感受到挫败之后，选择了消极应对，甚至逃避。

没有人的人生可以是一帆风顺、事事如意，因为有了错误，我们才得以获得经验和教训；因为有了失败，我们才获得了成长和发展。那些获得过非凡成就的成功人士，并不一定是天生资质如何卓越，更重要的是他们掌握了从失败中学习的能力。

美国小说家诺格利，曾经在他的年代里出版过多本极为受欢迎的小说。或许一般人只看到他获得的巨额稿酬，却未见得去仔细分析过他曾经为圆写作梦付出了多少艰辛和汗水，而在他尚未功成名就之前，又经历过什么样的失败。

诺格利的父亲如同很多常见的家长那样，希望儿子可以成为一名出色的牙医，因为牙医的收入相当丰厚。而他自己却一直想当一名大作家。与他人想象的不同的是，他并没有在自己不成熟的时候就叛逆地去违背父亲的意愿，而是在自己尚未有能力对自己的人生负责的时候，选择了遵从父命，考入了牙科医学院，并且毕业以后在纽约开办了一间牙科诊所。

在他已经成年、有良好的职业，并且能够对自己的人生负责之后，并没有放弃童年的作家梦，工作之余，他的脑海里像电影一般演绎着自己构思的小说。

他在决定改行并潜心开始创作之后，经历了漫长而又艰苦的旅程。他深知自己在文学造诣上的不足，并知道这并非通过一点天赋或小聪明就能轻易补足，因此他用做牙医赚来的钱买了许多书，并为自己列了一个非常详细的学习计划。每天他都钻在书和稿纸堆里。为了省钱，他甚至特意搬到了乡下去居住。

他喜欢坐在乡村的田野里,不断增加自己的阅读量,面对自己的作品,诺格利改了又改。但即使他以这样的态度去写作,在很长时间里,仍然没有一个出版商肯为他出版作品。尽管一再被退稿,他并没有气馁,而是争取和编辑取得联系,找到自己作品的不足。作为一个尚未出名的写作者,如果自己的作品没有绝对的过人之处,自然是很难获得青睐的。而他现在的财富,正是这些被拒绝的稿件,这些失败的作品。

尽管在几年之中,诺格利在写作上都没能实现真正的突破,但勤奋的积累和认真的态度也给他带来了一些小收获。当时有一位上校要去西方旅行,希望找一位作家陪同记录自己的旅途见闻和经历,已经成名的作家当然不见得愿意去陪同,于是编辑就推荐了诺格利。

在西方,诺格利不仅增长了见识,而且交了许多形形色色的好朋友,增加了见闻,并收获了许多创作的素材。他把旅程之后的生活作为写作的一个新的起点,即使在隆冬,屋子里只有一个小火炉,手指被冻得发麻也坚持完成自己的作品。

当新的作品完成以后,他再次鼓足勇气,把自己辛苦爬格子的作品送到出版公司。直到找到第六家出版社的时候,他终于收获了编辑的肯定。最终成长为一名杰出的小说家。

许多人被一次失败就打倒了,所以在成功的面前就停住了自己前进的脚步。但如果在连续多次跌倒之后,一个人还能重新爬起来继续前行,并且能够真正实现从失败中去总结和学习,那么成功终将属于他。

当我们去仔细分析那些成功人士的时候,仅有很小的一部分人仅仅是因为天赋卓越、聪明绝顶,绝大多数的成功人士是因为有着良好的习惯,而其中极为重要的一个要素就是,他们都能够承受失败,而且能够从失败中总结最关键的问题,从而不断学习予以修正。

当我们面对失败的时候，首先，让我们坦然地面对自己的失败，情绪必须很平静，但是态度却需要极为严谨。

过去犯过的所有错误，都是宝贵的财富，敢于承认错误，才能冷静地分析错误，任何消极逃避和推卸责任的行为都是修正错误的绊脚石。而失败就好比一块试金石，通过一个人对待失败的态度和失败以后所采取的行动，就能试炼出他在成功的路上走多远。最终获得成就的人，与碌碌大众之间的区别就在于对待失败、对待问题的态度，是逃避还是坚持。

其次，要从每一次失败中学习和探索核心问题之所在，而不是轻忽地认为自己已经了解了问题的全部。

有很多人之所以会陷入一事无成的恶性循环，正是因为总觉得自己对情况已经了如指掌，轻易地为自己找一个理由，将失败因素归结为外部影响的不可控。于是，轻忽地看待自己，轻易地原谅自己，不从根本上分析问题，不从自己身上找原因，最终使得失败成为一种周而复始的结果。

事实上，失败既不是对一个人的定论，也不是对一个问题的结论，仅仅是对某一特定事件的总结。

失败尽管并不令人愉快，但也是一种机会证明你哪里不足、哪里欠缺，增加了一种别人所没有的经验，增强了一些别人所没有的能力；那也是一种向成功迈进的助力，因为你排除了一种不合适的方法或因素，将最佳方案的范围缩小了。而获得这种经验、能力和助力的根本就在于不断从失败中学习的能力。

Chapter 15

行　　动

立 即 行 动

　　美孚石油的约翰·丹尼斯曾说过："决不拖延，我们就可以轻松愉快地生活和娱乐。避免拖延的唯一方法就是随时开始行动，而随时开始行动，首先必须认识到自己工作的重要性。另外必须记住的是，没有什么人会为我们承担拖延的损失，拖延的后果只有我们自己承担。如此一来，我们就可能在一个庞大的公司里，创造出每一个员工都不拖延哪怕半秒钟的奇迹。"

　　做事拖延的军人不是一个好军人，做事拖延的员工不是一个好员工。拖延的恶习一点点腐蚀掉原本渴望成功的人士的热情、进取心以及责任感，而解决的唯一良方就是：立即行动起来。

　　她是一名普通的中学教师，平凡但是又不平凡。她有个梦想，就是能成为一名大学教师，所以，她十分珍惜时间，充分抓住每一分钟刻苦自学。

　　年幼的儿子总是看见母亲刻苦的身影，有着些许的不解。但是母亲常对儿子说的话，却的确影响了他一生。她总是对儿子说："上天给你的生命不过是许多分钟，而且是有限的。从你出生的那一天开始，你就只有这么多分钟的生活，并且无时无刻不在减少。因此，你必须好好利用每一分钟。"

　　于是，儿子也开始时刻提醒自己要把握每一分钟。

　　最终，母亲通过自己的无数个一分钟的努力，成为了鲍灵格林大

学的婚姻家庭系的副教授,而儿子则成为世界著名的花样滑冰运动员,1981 年至 1984 年连续 4 次获得世界冠军,他的名字叫科特·汉密尔顿。

从前,有两个年轻人给木匠当学徒,白天的任务十分繁重。到晚上,一个学徒要学习,另一个就纠缠他,要他抛开书本,一起出去玩乐,但他拒绝了这种要求。晚上可用来学习的时间本来就很短,根本不够用,他要用来学习。外人几乎都知道,他在这零碎的时间里进行学习,已成了本行业的专家。

一天,报上登出一则招聘启事,为建造州立大厦征求最好的设计方案,奖金是 2 000 美元。这位年轻的木工决定提出他的方案。他默默地工作着,并不担心自己能否成功、是否会遭到他人嘲笑。他提交了设计方案,结果他中了奖。在这之前,当他在学习钻研时,另一个学徒却在虚度光阴。现在,那个不知进取的学徒还在吃力地干着体力活,其劳动所得很难养活他的家人。

哲学家伏尔泰曾问:"世界上什么东西是最长的,而又是最短的;是最快的,而又是最慢的;是最易分割的,而又是最广大的;是最不受重视的,而又是最受惋惜的;没有它,什么事情都做不成;它使一切渺小的东西归于消灭,使一切伟大的事物生命不绝?"

智者查帝格回答:"世上最长的东西莫过于时间,因为它永无穷尽;最短的东西,也莫过于时间,因为人们所有的计划都来不及完成;在等待着的人们看来,时间是最慢的;在作乐的人看来,时间是最快的;时间可以扩展到无穷大,也可以分割到无穷小;当时,谁都不重视,过后,谁都表示惋惜。没有时间,什么事都做不成;不值得后世纪念的,时间会把它冲走,而凡属伟大的,时间则把它们凝固起来,永垂不朽。"

　　时间有限,生命有限。我们所能做的就是在有限的时间和生命里充分利用每一分钟,决不拖延,以达到单位时间所能发挥的最大功效。

　　把握生命中的每一分钟,哪怕只是一分钟的积累,在达到一定的量之后将发生质的飞跃。

　　有的人不聪明但是他却把自己的每一分钟时间都安排得十分充实,利用到最大的限度,所以他成功;而有的人十分聪明,却总是企图用小聪明来替代别人的努力,这样的人只会失败。

　　西点十分强调行动的作用。停留在想法的阶段永远不可能有所成就,只有立即行动才能获得成功。1973年,布拉德利·李获得塞耶奖时发表演讲,就反复要求西点学员要学会实在地行动,善于听取意见。

　　而在西点的游泳救生训练中,有一个学员们最害怕的动作:穿着军服、背着背包和步枪,从近10公尺的高台上跳下游泳池,然后在水中解开背包,脱掉皮鞋和上衣,把这些东西绑在临时的浮板上。

　　尽管每一个动作,学员们事前都反复演练过,但是真到了要往下跳的那一刻,大部分学员还是会迟疑,走到跳板尽头之后就会停下来。当然,退缩是决不允许的,否则将被勒令退学。所以,尽管犹豫,最终还是行动起来,纵身一跃。

　　相信这成功一跃之后的兴奋之情是无法言喻的。行动产生了信心,行动才有一切。

　　卡罗·道恩斯原来是一名普通的银行职员,后来受聘于一家汽车公司。工作了6个月之后,他想试试是否有提升的机会,于是直接写信向老板杜兰特毛遂自荐。老板给他的答复是:"任命你负责监督新厂机器设备的安装工作,但不保证加薪。"

　　道恩斯没有受过任何工程方面的训练,根本看不懂图纸。但是,他不愿意放弃任何机会。于是,他发挥自己的领导才能,自己花钱找

到一些专业技术人员完成了安装工作，并且提前了一个星期。结果，他不仅获得了提升，薪水也增加了 10 倍。

"我知道你看不懂图纸，"老板后来对他说，"如果你随便找一个理由推掉这项工作，我可能会让你走。"

立即行动，而不是寻找任何的借口逃避，这样的人才能最终赢得胜利女神的垂青。

洛克菲勒曾说："不要等待奇迹发生才开始实践你的梦想。今天就开始行动！"

除非你开始行动，否则你到不了任何地方，达不到任何目标。赶快行动，否则今日很快就会变成昨日。如果不想悔恨，就赶快行动。行动是消除焦虑的良方。崇尚行动的人从来不知道烦恼为何物，此时此刻是做任何事情的最佳时刻。

有机会不去行动，就永远不能创造有意义的人生，因为"人生不在于有什么，而在于做什么"。行动胜于高谈阔论，成功是经过思索的行动的结果。

若想在秋天收获粮食，至少需要在春天播种；若想欣赏远山的风景，至少要爬上山顶。生命中的每一天都需要我们立即行动，无论你的人生路上遇到什么艰难，只要你今天就开始行动，并且坚持不懈，就能渡过人生的难关。

现在就开始行动，立即行动，朝着目标大步迈进！今天就是行动的那一天！

找对方法很重要

第二次世界大战时,巴顿第一次见到有着"沙漠之狐"之称的德国统帅隆美尔时,想找个方法杀杀对方的威风。他并没有嚷嚷诸如"隆美尔,你这个混蛋,我要杀了你,过来送死吧"这样的话,而是采用了更妙的方法,他高声喊道:"隆美尔,你这个老狐狸,我读过你的书!"

"我读过你的书",多有意思的一句话,彰显了巴顿的气度,也表现出了他的霸气。巴顿的言外之意就是:我看过你的书,即使你是我的敌人,我也尊重和欣赏你。我看过你的书,因此我了解你,即使你是只老狐狸,也别想从我手中讨到什么好处。简简单单一句话,名将风采让人不得不折服。

找到好方法无疑相当于找到了"行动"的最有力最有效的助手,很多时候,方法比付出更多的努力更有效。

打个比方来说,很多人都喝过玻璃瓶的啤酒或是汽水吧。平时我们都是拿什么开瓶盖的?是起子。当我们没有起子的时候,花费很大的力气,用钥匙撬、用牙咬、用桌脚磕,费了好大的力气,却依然很难打开瓶盖。起子只是一个小小的工具,却是我们开瓶盖的最好帮手,它是一种方法,能帮助你轻而易举打开瓶盖,但如果方法不对,你花费了很多努力,可能结果也并不理想。

曾经有一段时间,美国各大新闻媒体竞相报道了这样一件事:一位名不见经传的学生,利用他的智慧和执著精神,创造性地解决了旧

金山市政当局悬赏1000万元美元久而未决的旧金山大桥堵车问题。

旧金山大桥堵车的情况十分严重,但是却迟迟没有得到解决。许多人不断抱怨。

据报道,该青年的成功主要得益于掌握科学的研究方法和解决实际问题的能力。经过细心的观察和缜密的调查,他发现了久而未决的旧金山大桥堵车现象不但具有上下班高峰时段的时间性,而且还具有上班时段进城方向发生堵车和下班时段出城方向发生堵车的方向性特征,从而追根寻源找到了同时发生时间性和方向性特征堵车问题的根本原因是"市郊居民上下班的车流太大"。最后他创造性地采用可改变"活动车道中间隔栏"的方法,巧妙地改变上班时段"活动车道中间隔栏",使进城方向四个车道变为六个车道,出城方向四个车道变为两个车道,下班则反其道而行之,轻而易举地以最小的代价圆满地解决了问题。

这位学生解决交通问题的方法无疑是有效且代价相当小的。这就是方法的作用。当我们面对类似的问题,或许我们想的最多的就是一定要解决堵车问题,我们可以不惜代价再造一座大桥。这不失为一个方法,但是却并非最好的方法。

西点军校的毕业生遍布在美国各个重要的岗位之上,尤其是军队,更是每一项行动都需要缜密的思维和有效的规划,找对方法至关重要。

自古以来,认识就是在肯定正确的东西,否定错误的东西的矛盾运动中波浪式地发展过来的。只有有人发现、提出了问题,并努力去寻找到最有效的解决方法,然后贯彻在行动之中,才真正地推动了社会的发展和变革。

而在我们生活中,当我们面对疑难问题的时候,或者是在任何重要的行动之前,首先找对方法,才是全力以赴的一个重要前提。

美国总统罗斯福再次参加竞选时,竞选办公室为他制作了一本宣传册,发放给记者和选民,为竞选造势。在这本册子里有罗斯福总统的相片和一些竞选信息。

接着成千上万本宣传册被印刷出来。

但就在这些宣传册印刷完毕,即将分发的时候,竞选办公室的一名工作人员,在做最后的核对时,突然发现了一个问题:宣传册中有一张照片的版权不属于他们,而为某家照相馆所有,他们并无权使用。

竞选办公室陷入了恐慌,手册分发在即,已经没有时间再重新进行印刷了,该怎么办? 如果就这样分发出去,无视这个问题,那家照相馆很可能会因此索要一笔数额巨大的版权费,也会对罗斯福的总统竞选造成负面影响。

有人立刻提出,派一个代表去和照相馆谈判,尽快争取到一个较低的价格购买到这张照片的版权。这是大多数人遇到相同问题时最可能会采取这样的处理方式。但竞选办公室选择的却是另一种方式。

他们通知了这家照相馆:竞选办公室将在他们制作宣传册中放上一幅罗斯福总统的照片,贵照相馆的一张照片也在备选的照片之列。由于有好几家照相馆都在候选名单中,竞选办公室决定将这次宣传机会进行拍卖,出价最高的照相馆将会得到这次机会。

结果,竞选办公室在两天内就接到了该照相馆的投标书和支票。在最后,竞选办公室不但摆脱了可能侵权的不利地位,甚至还因此获得了一笔收入。

在这里我们可以发现,竞选办公室所采取的方式十分特别,另辟蹊径,将主动权握在自己手中,让照相馆反过来有求于己,这样的解决方法,比同照相馆就照片使用权问题进行谈判所获得的结果以及中间的过程要好很多。

人们都很欣赏能够"立即行动"的果决,也都会给予"全力以赴"的

精神以最大的赞誉,但却容易忽视在全身心投入"行动"之前,找对方法的重要性。

好的方法能够达到事半功倍的作用,可以说是有效行动的先决条件。

学院创始人群像

全力以赴

做完一件事之后,不论结果,先自问:在做这件事的时候,自己是否全力以赴了? 这就是西点人的做法。

就拿毕业于西点军校的美国前国务卿鲍威尔为例,不少人猜测,鲍威尔也许出身名门望族吧? 但这位黑人显贵原本家道寒微。

鲍威尔年轻时胸怀大志,为帮补家计,凭借自己壮硕的身体,从事各种繁重的工作。

有一年夏天,鲍威尔在一家汽水厂当杂工,除了洗瓶子外,老板还要他抹地板、搞清洁,等等。他毫无怨言地认真去干。一次,有人在搬运产品时打碎了 50 瓶汽水,弄得车间一地玻璃碎片和泡沫。按常规,这是要弄翻产品的工人清理打扫的。老板为了节省人工,要干活麻利爽快的鲍威尔去打扫。当时他有点气恼,欲发脾气不干,但一想,自己是厂里的清洁工,这也是分内的活儿。于是,鲍威尔尽力把满地狼藉的脏物打扫得干干净净。

过了两天,厂负责人通知他:他晋升为装瓶部主管。自此,他记住了一条真理:凡事全力以赴,总会有人注意到自己的。

不久,鲍威尔以优异的成绩考进了军校。后来,鲍威尔官至美国参谋长联席会议主席,衔领四星上将,北大西洋公约组织、欧洲盟军总司令。2000 年底,他成为美国历史上第一位黑人国务卿。

鲍威尔一直全力以赴地工作,在五角大楼上班时,这位四星上将往往是最早到办公室又是最迟下班的。同僚曾赞赏说:"我们的黑将

军,无处不身先士卒啊!"

鲍威尔在西点军校演说,曾以"凡事要全力以赴"为题,对学员们讲述了一个颇富哲理的故事:

在建筑工地上,有三个工人在挖沟。一个心高气傲,每挖一阵就拄着铲子说:"我将来一定会做房地产老板!"第二个嫌辛苦,不断地埋怨说干这下等活儿时间长、报酬低。第三个不声不响挥汗如雨地埋头干活,同时脑子里琢磨如何挖好沟坑令地基牢固……若干年后,第一个仍无奈地拿着铲子干着挖地沟的辛苦活儿;第二个虚报工伤,找个借口提前病退,每月领取仅可糊口的微薄退休金;第三个成了一家建筑公司的老板。

而西点军校也将鲍威尔的故事作为教育学员"凡事都要全力以赴"的活教材。

全力以赴首先要有必胜的信念。缺乏信心,没有必胜的信念,就不可能全力以赴,试问一个一开始就想到失败的人怎么可能用尽全力去做这件事呢?

在艾森豪威尔年轻的时候,有一次晚饭后和家人玩纸牌游戏,连续几次抓到了很坏的牌,于是他就变得很不高兴,开始抱怨个不停。

这时艾森豪威尔的母亲停下来,神情严肃地对他说:"如果你要玩,就必须用手中的牌玩下去,不管那些牌怎么样。人生也是一样,发牌的是上帝,不管怎样的牌你都必须拿着,你能做的就是尽你全力,求得最好的结果。"

很多年过去了,艾森豪威尔一直牢记着母亲的这番话,从未再对生活有过什么抱怨。因为他明白只有以积极乐观的态度去迎接命运的每一次挑战,尽力做好每一件事,才能最终获得你想要的。他也最终从一个默默无闻的平民家庭走出来,一步步地成为中校、二战盟军统帅,并最终成为美国历史上第34任总统。

　　不管我们手里是怎样的牌，都要认真地玩下去，争取最好的结局，因为这些牌是我们手中仅有的资源。我们唯一的出路就是运用我们仅有的资源，全力以赴，去夺取最佳的成绩。

　　诺基亚董事长兼首席执行官约玛·奥利拉曾说："我们不仅要扩大作为领导者的优势，而且能够应对复杂的经济环境中每天出现的挑战。"

　　应对每天出现的挑战，需要必胜的信念，需要全力以赴。正是这种对未来充满信心不肯服输，愿意为之倾尽全力的品格，使成功者不断进步，成功企业节节胜利。

　　一个失败企业总是死气沉沉，没有活力，员工没有斗志，看不到获胜的希望，工作消极倦怠，缺乏积极性和进取心。而越是如此，员工就越失去信心与斗志，企业也越死气沉沉……这就造成一个恶性循环。

　　一个没有必胜信念的人，根本不可能全力以赴！一支看不到胜利的团队，根本不可能获胜！

　　无论是对个人、军队或是企业，都应该极力营造一种"必胜文化"。这样的文化能激励士气，激发信心，能营造一种必胜的信念，让我们直达胜利的彼岸。

　　美国海军陆战队深知必胜信念的重要，因而总是引导官兵一心一意只想着胜利，而不是失败，并在每一种场合以各种方式重复相同的信息：海军陆战队、美国民众、全世界都预期他们会胜利，就连敌方不少人也预计他们会获胜。

　　在新兵训练营，教官每天不只一次地讲述海军陆战队的成功史，每一个障碍训练课的场景里都张贴着已经发黄的陆战队英雄照片，每一条街道都以成功战役命名，即使是日常生活使用的词语中，几乎也包含着胜利的寓意。他们称掩闭壕为"战壕"，他们从不说"撤退"，而是说"攻击后方"……

海军陆战队就是这样在军中倡导、营造制胜氛围，树立制胜意识的，从而使每个陆战队官兵在胜利的鼓舞和感召下，一心想着胜利，一心向着胜利，奋不顾身地穿越在枪林弹雨和生死线上，夺得一次次辉煌的战绩。

锋士·隆巴第，美国橄榄球运动史上一位伟大的橄榄球队教练。在锋士·隆巴第的带领下，美国绿湾橄榄球队成了美国橄榄球史上最令人惊异的球队，创造出了令人难以置信的成绩。看看锋士·隆巴第的言论，能从另一个方面让我们对执行力有更深刻的理解。

锋士·隆巴第告诉他的队员："我只要求一件事，就是胜利。如果不把目标定在非胜不可，那比赛就没有意义了。不管是打球、工作、思想，一切的一切，都应该'非胜不可'。"

"你要跟我工作，"他坚定地说，"你只可以想三件事：你自己、你的家庭和球队，按照这个先后次序。"

"比赛就是不顾一切。你要不顾一切拼命地向前冲。你不必理会任何事、任何人，接近得分线的时候，你更要不顾一切。没有东西可以阻挡你，就是战车或一堵墙，或者是对方有11个人，都不能阻挡你，你要冲过得分线！"

正是有了这种坚强的意志和顽强的信心，绿湾橄榄球队的队员们拥有了完美的执行力。在比赛中，他们的脑海里除了胜利还是胜利。对他们而言，胜利就是目标，为了目标，他们奋勇向前，锲而不舍，没有抱怨，没有畏惧，没有退缩，不找任何借口。他们是所有追求成功者的榜样。

全力以赴就是永远都用百分百的努力去做每一件事情，就是在失败了多次之后依然有信心再试一次，就是在每一次的工作中多加一点努力。所以，全力以赴除了要有必胜的信念，还需要我们有"比别人多做一点"的用心。

著名投资专家约翰·坦普尔顿通过大量的观察研究,得出了一条很重要的原理:"多一盎司定律。"盎司是英美重量单位,一盎司只相当于1/16磅。但是就是这微不足道的一点区别,却会让你的工作大不一样。他指出,取得突出成就的人与取得中等成就的人几乎做了同样多的工作,他们所做出的努力差别很小——只是"多一盎司"。但其结果,所取得的成就及成就的实质内容方面,却经常有天壤之别。

无论在什么领域,一个成功者的成功之处往往就在于他比别人总是多付出一些,比他人多向前迈进一步。谁能多付出这一点,多前进这一步,谁就能获得千百倍的回报,能获得成功!

一个替人割草打工的男孩打电话给史密斯太太说:"您需不需要割草?"

史密斯太太回答说:"不需要了,我已有了割草工。"

男孩又说:"我会帮您拔掉花丛中的杂草。"

史密斯太太回答:"我的割草工也做了。"

男孩又说:"我会帮您把草与走道的四周割齐。"

史密斯太太说:"我请的那人也已做了。谢谢你,我不需要新的割草工人。"

男孩便挂了电话,此时男孩的室友问他说:"你不是就在史密斯太太那儿割草打工吗?为什么还要打这电话?"

男孩说:"我只是想知道我做得有多好,我还能再做什么!"

要"多一盎司",多付出一些努力并不难,比之前付出99％的努力要容易多了,但就是这最后的1％却能带来成功与失败的差别。在球队中,一个比别人多一些练习,多用一点心的队员往往能成为球队的主力,甚至明星;在企业中,一个比别人多做一点,哪怕不是自己分内的事也尽

心尽力的员工，往往能得到老板的赏识，进而获得更好的发展……

一位成功人士曾经讲述了自己是如何走上富裕道路的："50年前，我开始踏入社会谋生，在一家五金店找到了一份工作，每年才挣75美元。有一天，一位顾客买了一大批货物，有铲子、钳子、马鞍、盘子、水桶、箩筐，等等。这位顾客过几天就要结婚了，提前购买一些生活和劳动用具是当地的一种习俗。货物堆放在独轮推车上，装了满满一车，就是骡子拉起来也有些吃力。送货并非我的职责，而完全是出于自愿——我为自己能运送如此沉重的货物而感到自豪。

"一开始一切都很顺利，但是，车轮一不小心陷进了一个不深不浅的泥潭里，使尽吃奶的劲儿都推不动。一位心地善良的商人驾着运货马车路过，用他的马拖起我的独轮车和货物，并且帮我将货物送到顾客家里。在向顾客交付货物时，我仔细清点货物的数目，一直到很晚才推着空车艰难地返回商店。我为自己的所作所为感到高兴。但是，老板却并没有因我的额外工作而称赞我。

"第二天，那位商人将我叫去，告诉我说，他发现我工作十分努力，热情很高，尤其注意到我卸货时清点物品数目的细心和专注。因此，他愿意为我提供一个年薪5 000美元的职位。我接受了这份工作，并且从此走上了致富之路。"

成功的一切结果都是建立在全力以赴、尽职尽责做好日常工作的基础上。不要小看一些小事，它往往成为决定成败的关键。所以，无论是什么工作，无论是不是大事，无论是不是你分内的事，你都应该抱着"既然做了就一定要做好"的想法。

无论做什么都怀着必胜的信念全力以赴，它将引领你进入成功的殿堂。

图书在版编目（CIP）数据

西点军校的经典法则 / 杨立军编著. —上海：上
海教育出版社，2018.5（2021.11重印）
ISBN 978-7-5444-8385-8

Ⅰ. ①西… Ⅱ. ①杨… Ⅲ. ①成功心理-通俗读物
Ⅳ. ①B848.4-49

中国版本图书馆 CIP 数据核字（2018）第 082746 号

责任编辑　叶　刚
封面设计　周剑峰

西点军校的经典法则
杨立军　编著

出版发行　上海教育出版社有限公司
官　　网　www.seph.com.cn
地　　址　上海永福路 123 号
邮　　编　200031
印　　刷　上海展强印刷有限公司
开　　本　720×1000　1/16　印张 16.75
字　　数　240 千字
版　　次　2018 年 6 月第 1 版
印　　次　2021 年 11 月第 4 次印刷
书　　号　ISBN 978-7-5444-8385-8/G·6943
定　　价　38.00 元

如发现质量问题，读者可向本社调换　电话：021-64377165